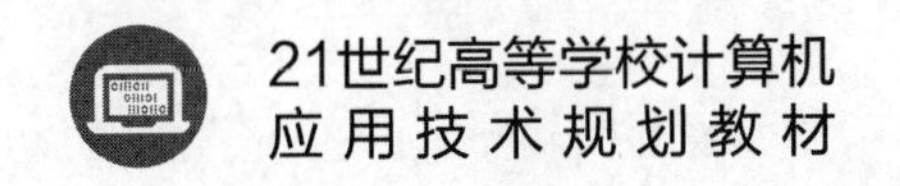

C语言程序设计
实验与题解

◎ 王思鹏 王晓峰 主编　陈东方 李顺新 李文杰 副主编

清華大學出版社
北京

内 容 简 介

本书为《C 语言程序设计》(王晓峰、李文杰主编,清华大学出版社)的配套上机实验教材,根据教育部高等学校计算机科学与技术教学指导委员会制定的最新计算机程序设计教学的基本要求编写而成。

本书主要内容包括三部分,第一部分是 12 个实验的操作指导以及实验报告的格式与内容;第二部分是多种类型的习题,并给出了所有题目的参考答案;第三部分提供了两套测试题,以便读者加深对教材内容的理解。

本书所涉及的实验操作性强,习题与测试题的类型多种多样,与教材内容联系紧密,既适合教学也适合读者自学。

图书在版编目(CIP)数据

C 语言程序设计实验与题解/王思鹏,王晓峰主编. —北京:清华大学出版社,2021.2(2024.1重印)
21 世纪高等学校计算机应用技术规划教材
ISBN 978-7-302-56050-0

Ⅰ. ①C… Ⅱ. ①王… ②王… Ⅲ. ①C 语言－程序设计－高等学校－教学参考资料 Ⅳ. ①TP312.8

中国版本图书馆 CIP 数据核字(2020)第 130542 号

责任编辑:陈景辉
封面设计:刘 键
责任校对:焦丽丽
责任印制:杨 艳

出版发行:清华大学出版社
网 址:https://www.tup.com.cn, https://www.wqxuetang.com
地 址:北京清华大学学研大厦 A 座 **邮 编**:100084
社 总 机:010-83470000 **邮 购**:010-62786544
投稿与读者服务:010-62776969, c-service@tup.tsinghua.edu.cn
质量反馈:010-62772015, zhiliang@tup.tsinghua.edu.cn
课件下载:https://www.tup.com.cn,010-83470236
印 装 者:大厂回族自治县彩虹印刷有限公司
经 销:全国新华书店
开 本:185mm×260mm **印 张**:11 **字 数**:268 千字
版 次:2021 年 3 月第 1 版 **印 次**:2024 年 1 月第 4 次印刷
印 数:6501～7500
定 价:39.90 元

产品编号:087408-01

前　言

党的二十大报告强调"必须坚持科技是第一生产力、人才是第一资源、创新是第一动力，深入实施科教兴国战略、人才强国战略、创新驱动发展战略，开辟发展新领域新赛道，不断塑造发展新动能新优势"。

C语言是国内外广泛使用的一种程序设计语言，也是初学程序设计人员的首选入门程序设计语言。C语言具有表达能力强、代码质量高和可移植性好等特点。它既具有高级语言的特点，又具有汇编语言的优点。

作为一门实践性很强的课程，C语言程序设计教学的重要环节之一就是程序设计实验。通过实验，可以弥补课堂理论教学的不足，以加深学生对理论的理解，引导学生深入思考。为方便教学，做到理论教学与实践编程相结合，真正提高学生的动手能力、分析问题和解决问题的能力，因此编写了这本《C语言程序设计实验与题解》，与《C语言程序设计》(王晓峰、李文杰主编，清华大学出版社出版)教材配套使用。

本书由三大部分组成。其中，第1部分是与教材相对应的12个实验的操作指导，旨在让读者巩固和加深对课程基本概念和基本知识的理解和掌握，进一步提高设计和编程的能力。第2部分是由作者团队精心选择的多种类型的习题，并给出了所有习题的参考答案，供读者阅读参考，以达到夯实基础、深入理解教材的内容、熟练应用相关知识的目的。第3部分精心设计了两套测试题，供读者测试，以加深对教材内容的理解和掌握程度，也可供参加计算机等级考试人员做模拟训练使用。

本书由武汉科技大学计算机科学与技术学院王思鹏、王晓峰、陈东方、李顺新和李文杰共同编写，王思鹏、王晓峰负责统稿。本书在编写过程中，得到了武汉科技大学计算机科学与技术学院诸多同仁的大力支持。

由于编者水平有限，书中缺点在所难免，敬请有关专家和读者批评指正。

编　者

2021年1月

目　录

第1部分　实　验

实验一　顺序结构程序设计

【目的与要求】

(1) 熟悉并掌握C语言的开发环境,掌握C语言程序的编辑、编译、连接和运行的基本过程。

(2) 了解数据类型在程序设计语言中的意义。

(3) 掌握并熟练应用各种运算符和表达式。

(4) 掌握并熟练应用格式化输入输出函数。

(5) 理解C语言程序的顺序结构,学会正确编写并运行顺序结构程序。

【上机内容】

【例1-1】 将下面程序清单中的内容输入计算机,并按照运行一个程序的步骤运行这个程序。注意,按格式要求输入和输出数据。

(1) 程序清单如下：

```
#include <stdio.h>
int main()
{
    int a,b;
    float x,y;
    char c1,c2;
    scanf("a=%d,b=%d",&a,&b);
    scanf("%f,%e",&x,&y);
    scanf("%*c%c %c",&c1,&c2);          //注意%c和%c之间有空格符
        //此处的%*c是为了屏蔽掉上一个输入语句输入y后的回车换行字符
    printf("a=%-3d,b=%6d\n",a,b);       //按照格式输出相应的值
    printf("x=%f,y=%8.2f\n", x,y);
    printf("c1=%6c,c2=%6c\n", c1,c2);
    return 0;
}
```

（2）运行该程序时，必须按如下方式在键盘上输入数据：

```
a=3,b=25↙
16.8,3.1415↙
a□A↙      //□表示空格
```

运行结果如下：

```
a=3,b=25
16.8,3.1415
a A
a=3   ,b=      25
x=16.799999,y=     3.14
c1=      a,c2=     A
```

【例 1-2】 已知圆柱体的底面半径和圆柱体的高，求圆柱体的底面周长和圆柱体的体积。

（1）分析：从键盘输入圆的半径 r 和圆柱体的高 h，然后根据公式 $len=2\pi r$ 求得圆的周长，根据公式 $vol=\pi r^2 h$ 求得圆柱体的体积。最后，将计算得出的圆的周长和圆柱体的体积输出。

（2）程序流程图，如图 1.1 所示。

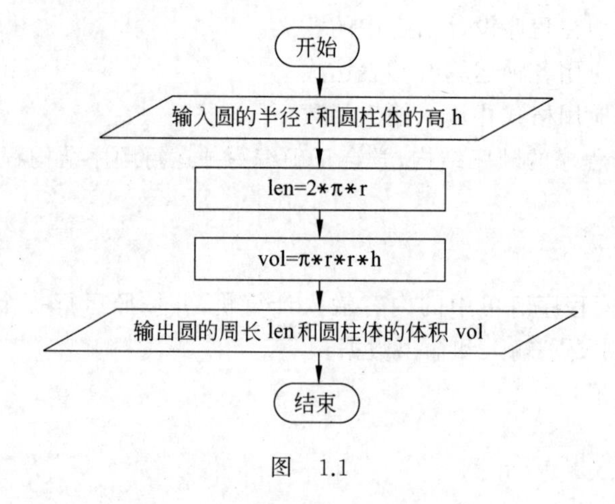

图 1.1

（3）程序清单如下：

```
#include <stdio.h>
#define PI 3.1415f                     //定义符号常量 PI,类型为单精度浮点型
int main()
{
    float r,h,len,vol;                 //声明 4 个单精度浮点型的变量
    printf("请输入圆的半径:\n");        //提示信息,这是非常必要的
    scanf("%f",&r);
    printf("请输入圆柱体的高:\n");
    scanf("%f",&h);
    len=2*PI*r;
    vol=PI*r*r*h;
    printf("圆的周长为:%8.2f\n",len);
```

```
    printf("圆柱体的体积为:%8.2f\n", vol);
    return 0;
}
```

(4) 运行结果如下：

```
请输入圆的半径:
4
请输入圆柱体的高:
7
圆的周长为:    25.13
圆柱体的体积为:  351.85
```

(5) 小结。

① 顺序结构的程序是按语句在源程序中出现的顺序依次执行，中间没有重复也没有分叉。

② 在程序中所有的变量必须先声明后使用。

③ 赋值语句的作用是计算表达式的值，并赋给变量。对于任何一个变量必须首先赋值，然后才能引用；否则，未赋初值的变量将以一个随机值参与运算。

④ 符号常量可以一次定义多次使用。

⑤ 在使用C语言库函数时，要用编译预处理命令＃include，把有关的头文件包含到用户的源文件中，否则不能使用相关的库函数。例如，如果要使用平方根函数 sqrt，则必须将＃include ＜math.h＞放在程序的开头。

【作业】

(1) 指出下面程序中的语法错误并修改，写出程序的运行结果。

```
#include <stdio.h>
int main()
{
    int iNum;
    float fNum=134.23;
    printf("a=%d\tf=%.2f\n",iNum,fNum);
    return 0;
}
```

(2) 阅读以下程序，思考如何正确地输入变量 a、b、c 的值。

```
#include <stdio.h>
int main()
{
    int a, b, c, sum=0;
    scanf("a=%d,%d%d", &a,&b,&c);
    sum=a+b+c;
    printf("a=%d,b=%d,c=%d\n",a,b,c);
    printf("sum=%d",sum);
    return 0;
}
```

(3) 运行如下程序：

```
#include <stdio.h>
int main()
{
    char a,b;
    scanf("%3c%4c",&a,&b);
    printf("C1=%c,C2=%c",a+1,b-1);
    return 0;
}
```

在运行该程序时，如果从键盘输入 ABCDEFGH↙，那么，变量 a 的值代表什么字符？变量 b 的值代表什么字符？输出的结果是什么？试分析其中的原因。

(4) 程序填空：以下程序的功能是对变量 h 中的值保留两位小数(规定 h 中的值为正数)。

例如：h 值为 15.31433，则函数返回 15.31；h 值为 15.31533，则函数返回 15.32。

请将程序补充完整。

```
#include <stdio.h>
int main()
{
    float a;
    printf("Enter a: ");
    scanf("%f",&a);
    printf("The original data is: %f\n\n",a);
    //请在此将程序补充完整
    ____________________
    return 0;
}
```

(5) 编写一个程序，其功能为：输入两个整数，分别输出它们的和、和的平方、平方的和。

(6) 2020 年，某足球队赢得了 98 场比赛，输了 55 场比赛。利用这个信息编写一个C 语言程序，计算并显示这个队在 2020 年期间的赢球百分比。

实验二　选择结构程序设计

【目的与要求】

(1) 掌握逻辑运算及关系运算。

(2) 理解并掌握 if 语句和 switch 语句的执行流程。

(3) 理解并掌握嵌套的选择结构的执行流程。

(4) 掌握 break 语句在 switch 语句中的作用。

(5) 掌握与选择结构有关的程序设计方法。

【上机内容】

【例 2-1】 企业发放的奖金根据利润提成。利润低于或等于 10 万元时，奖金可提 10%；利润高于 10 万元，低于 20 万元时，低于 10 万元的部分按 10%提成，高于 10 万元的部分可提成 7.5%；20 万～40 万元时，高于 20 万元的部分可提成 5%；40 万～60 万元时，高于 40 万元的部分可提成 3%；60 万～100 万元时，高于 60 万元的部分可提成 1.5%；高于 100 万元时，超过 100 万元的部分按 1%提成。从键盘输入当月利润，求应发放奖金的总数是多少。

(1) 分析：本例要注意两个问题。

① 由于数据比较大，所以在定义变量时最好不要将其定义为 int 型。

② 该题的逻辑有些烦琐，需要注意 if 语句与 else 语句的匹配关系。

(2) 程序流程图如图 2.1 所示。

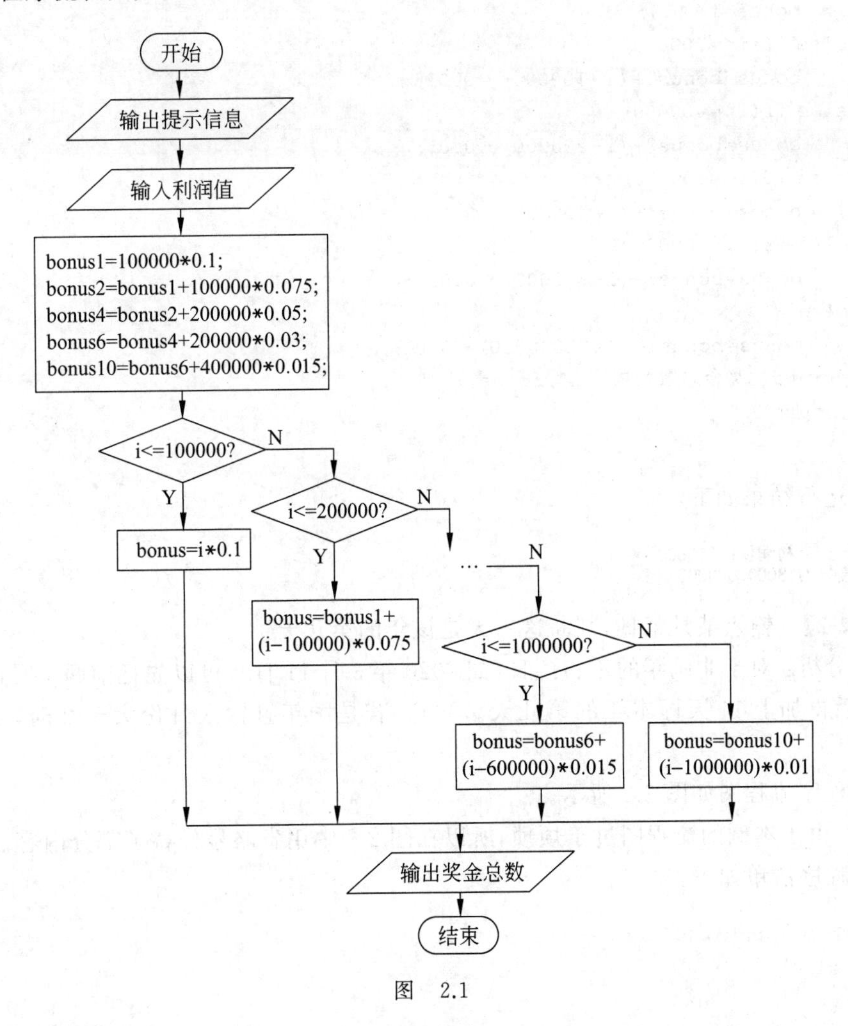

图 2.1

注意，由于本例的流程图过于烦琐，所以在图 2.1 中用省略号代替了部分内容。

（3）程序清单如下：

```
#include <stdio.h>
int main()
{
    double i,bonus1,bonus2,bonus4,bonus6,bonus10,bonus;
    printf("请输入一个利润值：");
    scanf("%lf",&i);
    bonus1=100000*0.1;
    bonus2=bonus1+100000*0.075;
    bonus4=bonus2+200000*0.05;
    bonus6=bonus4+200000*0.03;
    bonus10=bonus6+400000*0.015;
    if(i<=100000)
        bonus=i*0.1;
    else if(i<=200000)
        bonus=bonus1+(i-100000)*0.075;
    else if(i<=400000)
        bonus=bonus2+(i-200000)*0.05;
    else if(i<=600000)
        bonus=bonus4+(i-400000)*0.03;
    else if(i<=1000000)
        bonus=bonus6+(i-600000)*0.015;
    else
        bonus=bonus10+(i-1000000)*0.01;
    printf("奖金总数为%lf\n",bonus);
    return 0;
}
```

（4）运行结果如下：

```
请输入一个利润值：210000
奖金总数为18000.000000
```

【例 2-2】 输入某月某日，判断这一天是该年的第几天。

（1）分析：对于非闰年的年、月、日（如 2020 年 3 月 11 日），可以先把前两个月的天数加起来，然后再加上 11 天即本年的第几天。注意，若是闰年且输入月份大于 2 时，需要多加一天。

（2）程序流程图如图 2.2 所示。

注意，由于本例的流程图过于烦琐，所以在图 2.2 中用省略号代替了部分内容。

（3）程序清单如下：

```
#include <stdio.h>
int main()
{
    int day,month,year,sum,leap;
    printf("请输入年、月、日的值，并以逗号间隔：\n");
    scanf("%d,%d,%d",&year,&month,&day);
```

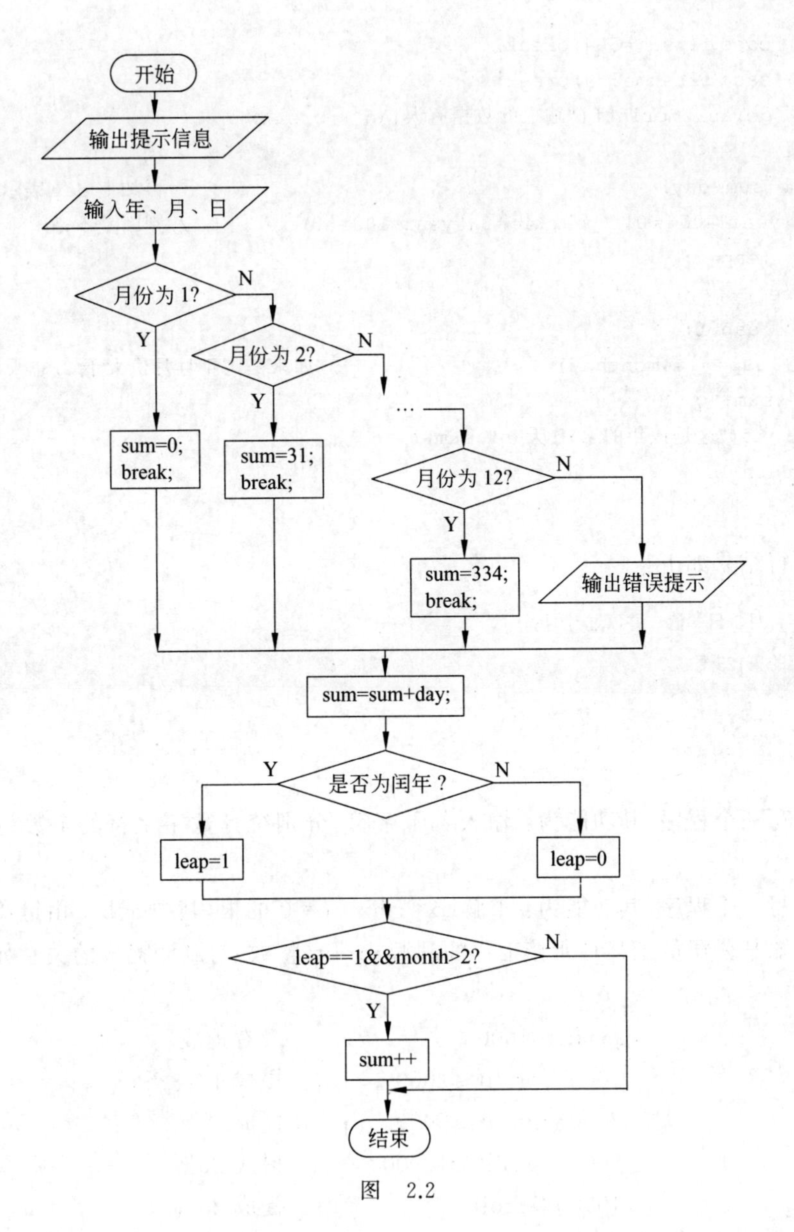

图 2.2

```
switch(month)                                       //先计算该月以前的总天数
{
    case 1:sum=0;break;
    case 2:sum=31;break;
    case 3:sum=59;break;
    case 4:sum=90;break;
    case 5:sum=120;break;
    case 6:sum=151;break;
    case 7:sum=181;break;
    case 8:sum=212;break;
    case 9:sum=243;break;
    case 10:sum=273;break;
```

```
            case 11:sum=304;break;
            case 12:sum=334;break;
            default:printf("输入的数据有误!\n");break;
        }
        sum=sum+day;                                      //再加上 day 表示的天数
        if(year%400==0||(year%4==0&&year%100!=0))         //判断是不是闰年
            leap=1;
        else
            leap=0;
        if(leap==1&&month>2)                     //如果是闰年且月份大于 2,总天数应该加一天
            sum++;
        printf("这是该年的第%d 天\n",sum);
        return 0;
    }
```

(4) 运行结果如下:

```
请输入年、月、日的值，并以逗号间隔:
2020,5,4
这是该年的第125天
```

【作业】

(1) 编写一个程序,其功能为:输入若干字符,分别统计数字字符的个数、英文字母的个数。

(2) 编写一个程序,其功能为:求解 $ax^2+bx+c=0$ 的根,其中 a、b、c 由键盘输入。

(3) 已知某公司员工某月所接工程的利润 profit(整数)与利润提成的关系如下(计量单位为元):

profit≤1000	没有提成
1000<profit≤2000	提成 10%
2000<profit≤5000	提成 15%
5000<profit≤10000	提成 20%
10000<profit	提成 25%

编写一个程序,其功能为:输入利润数,计算出利润提成。

(4) 编写一个程序,其功能为:从键盘输入 3 个整数,找出大小居中的数并输出。

实验三　循环结构程序设计(一)

【目的与要求】

(1) 掌握实现循环结构的三种流程控制语句 while 语句,do-while 语句和 for 语句的用法和执行过程。

(2) 熟练掌握在程序设计中用循环的方法实现几种常用的算法。

【上机内容】

【例 3-1】 编写一个程序,求斐波那契(Fibonacci)序列:1,1,2,3,5,8,…。请输出前20项。序列满足关系式:

$$F_n = F_{n-1} + F_{n-2}$$

(1)分析:由斐波那契数列的公式可以看出,从第3个数开始,每个数是前两个数之和。因此,可以通过对两个变量的循环使用来逐个求解前20个数。

(2) 程序流程图如图 3.1 所示。

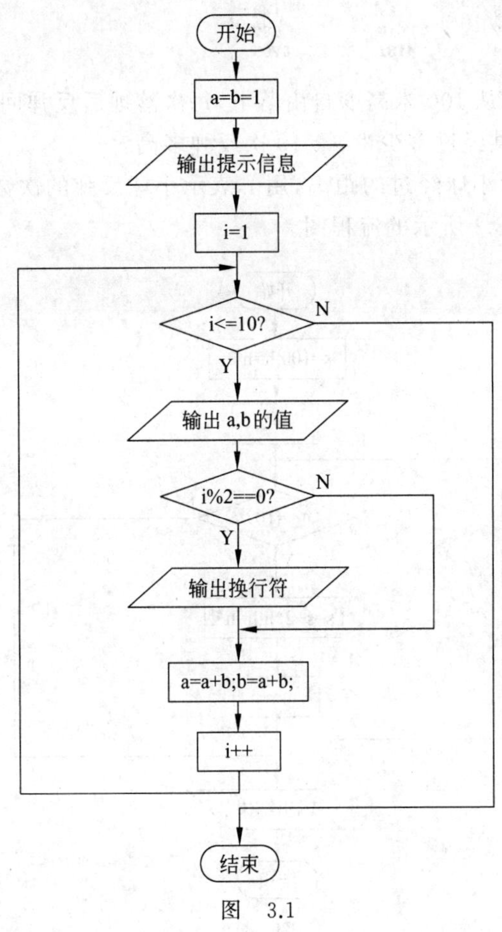

图 3.1

(3) 程序清单如下:

```
#include <stdio.h>
int main()
{
    long a,b;
    int i;
    a=b=1;
    printf("斐波那契数列的前 20 项分别为: \n");
    for(i=1;i<=10;i++)
    {
```

```
        printf("%12ld %12ld",a,b);
        if(i%2==0) printf("\n");
        a=a+b;
        b=a+b;
    }
    return 0;
}
```

(4) 运行结果如下：

```
斐波那契数列的前20项分别为:
        1           1           2           3
        5           8          13          21
       34          55          89         144
      233         377         610         987
     1597        2584        4181        6765
```

【例 3-2】 一个小球从100米高度自由落下，每次落地后反弹回原高度的一半，再落下。求它在第10次落地时，共经过多少米，第10次反弹多高？

(1) 分析：用s表示小球经过的距离，用n表示小球反弹的次数，用h表示小球的反弹高度。详细算法参照图3.2所示的流程图。

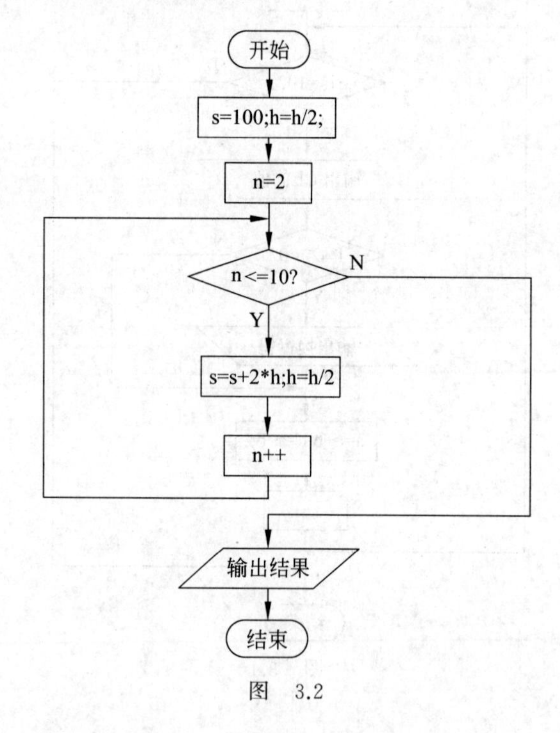

图 3.2

(2) 程序流程图如图3.2所示。

(3) 程序清单如下：

```
#include <stdio.h>
int main()
{
    float s=100.0,h=s/2;   //用s表示小球经过的距离,用h表示小球的反弹高度
    int n;
    for(n=2;n<=10;n++)
```

```
    {
        s=s+2*h;
        h=h/2;
    }
    printf("小球共经过 %.2f 米\n",s);
    printf("小球第 10 次反弹高度为 %.2f 米\n",h);
    return 0;
}
```

（4）运行结果如下：

```
小球共经过 299.61 米
小球第10次反弹高度为 0.10 米
```

【作业】

（1）求 2～1000 中的守形数（若某数的平方，其低位与该数本身相同，则称该数为守形数。如 25，$25^2=625$，625 的低位 25 与原数相同，则称 25 为守形数）。

（2）输入两个正整数 m 和 n，求其最大公约数和最小公倍数。

（3）输入一个正整数 n，如 1234，要求倒着输出该数为 4321。

实验四　循环结构程序设计（二）

【目的与要求】

（1）理解并掌握多重循环结构（即嵌套循环结构）的执行流程和设计方法。

（2）理解并掌握 coutinue 和 break 语句的用法。

【上机内容】

【例 4-1】 将一个正整数分解质因数。例如，输入 90，打印出

$$90=2*3*3*5$$

（1）分析：对 n 进行分解质因数，应先找到一个最小的质数 k，然后按下述步骤完成。

① 如果这个质数等于 n，则说明分解质因数的过程已经结束，打印出即可。

② 如果 n≠k，但 n 能被 k 整除，则应打印出 k 的值，并用 n 除以 k 的商，作为新的正整数 n，重复执行第①步。

③ 如果 n 不能被 k 整除，则用 k+1 作为 k 的值，重复执行第①步。

（2）程序流程图如图 4.1 所示。

（3）程序清单如下：

```
#include <stdio.h>
int main()
{
    int n,i;
    printf("请输入一个正整数:\n");
    scanf("%d",&n);
```

```
        printf("质因数分解结果为：\n");
        printf("%d=",n);
        for(i=2;i<=n;i++)
        {
            while(n!=i)
            {
                if(n%i==0)
                {
                    printf("%d*",i);
                    n=n/i;
                }
                else
                    break;
            }
        }
        printf("%d\n",n);
        return 0;
}
```

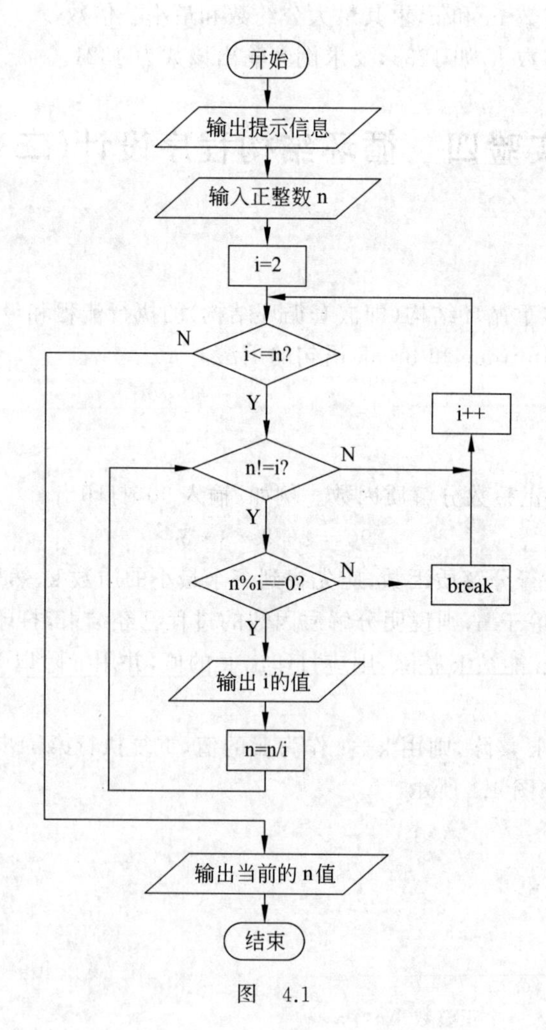

图 4.1

(4) 运行结果如下：

```
请输入一个正整数:
66
质因数分解结果为:
66=2*3*11
```

【例 4-2】 使用 1、2、3、4 这 4 个数字能组成多少个互不相同且无重复数字的三位数？输出这些三位数。

(1) 分析：利用穷举的方式来求解该问题。用 1、2、3、4 的组合分别组成不同的三位数，只要个位、十位、百位的数字互不相同，就把该三位数输出。

(2) 程序流程图如图 4.2 所示。

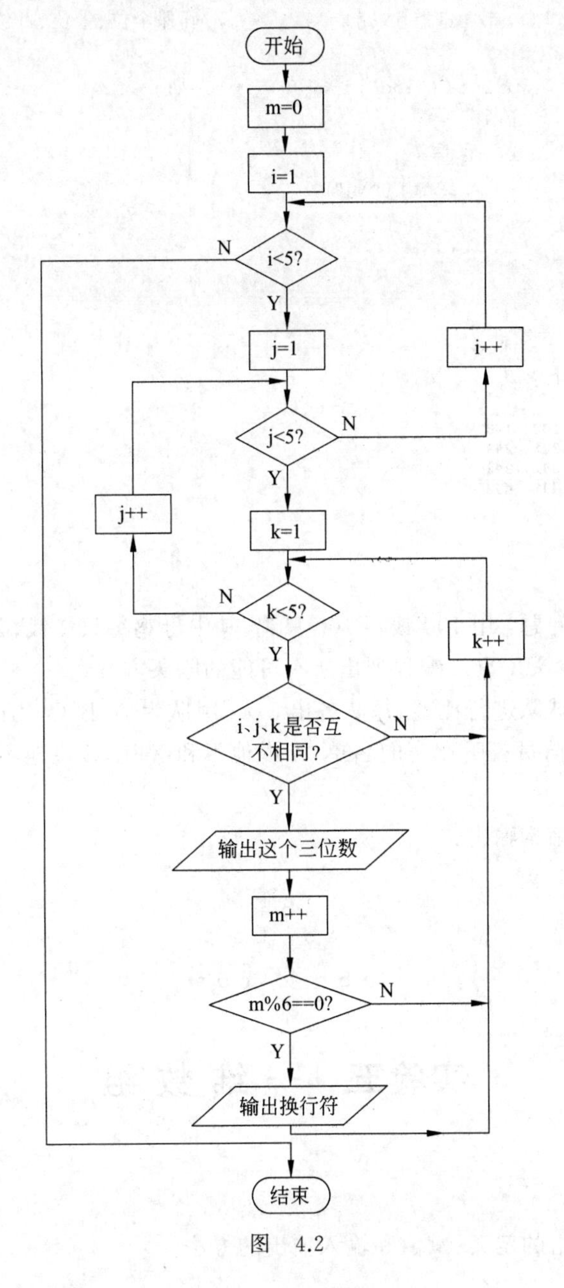

图 4.2

(3) 程序清单如下：

```
#include <stdio.h>
int main()
{
    int i,j,k,m=0;                          //i表示百位,j表示十位,k表示个位
    printf("\n");
    for(i=1;i<5;i++)
        for(j=1;j<5;j++)
            for(k=1;k<5;k++)
            {
                if(i!=k&&i!=j&&j!=k)        //确保个位、十位、百位互不相同
                {
                    printf("%5d",i*100+j*10+k);
                    m++;
                    if(m%6==0)
                        printf("\n");
                }
            }
    return 0;
}
```

(4) 运行结果如下：

```
123  124  132  134  142  143
213  214  231  234  241  243
312  314  321  324  341  342
412  413  421  423  431  432
```

【作业】

(1) 百钱买百鸡问题：用100钱买100只鸡，其中母鸡每只3钱，公鸡每只2钱，小鸡每钱3只，且每种鸡至少买1只。编程列出所有可能的购买方案。

(2) 有两个乒乓球队进行比赛，每队各出3人，甲队为A、B、C，乙队为X、Y、Z。抽签决定比赛名单。有人向队员打听比赛的名单，A说他不和X比，C说他不和X、Z比，请编程输出比赛名单。

(3) 用双重循环结构输出：

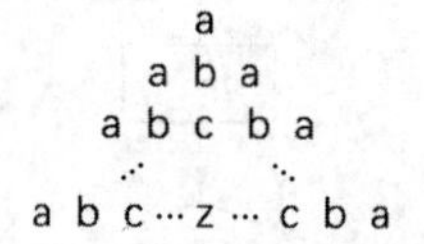

实验五 一维数组

【目的与要求】

(1) 掌握一维数组的定义、赋值和输入输出的方法。

（2）掌握字符数组的使用。

（3）掌握与数组有关的算法(例如排序算法)。

【上机内容】

【例 5-1】 输入 10 个数,用“冒泡法”对 10 个数排序(由小到大)。

（1）分析：冒泡法的基本思想是通过相邻两个数之间的比较和交换,使(数值)较小的数逐渐从底部移向顶部,较大的数逐渐从顶部移向底部。就像水底的气泡一样逐渐向上冒,故而得名。“冒泡法”算法：以 6 个数 9、8、5、4、2、0 为例。

第 1 趟比较,如图 5.1 所示。

第 2 趟比较,如图 5.2 所示。

第 1 趟比较后,剩 5 个数未排好序;两两比较 5 次。

第 2 趟比较后,剩 4 个数未排好序;两两比较 4 次。

第 3 趟比较后,剩 3 个数未排好序;两两比较 3 次。

第 4 趟比较后,剩 2 个数未排好序;两两比较 2 次。

第 5 趟比较后,全部排好序;两两比较 1 次。

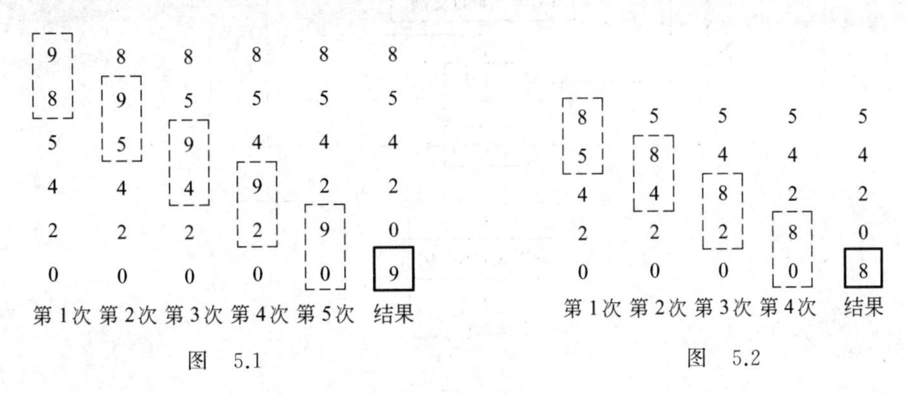

图 5.1　　图 5.2

算法结论：对于 n 个数的排序,需进行 n－1 趟比较,第 j 趟比较需进行 n－j 次两两比较。

（2）程序流程图如图 5.3 所示。

（3）程序清单如下：

```
//设需排序的数有 10 个,定义数组大小为 11,使用 a[1]～a[10]存放 10 个数,a[0]不用。
#include <stdio.h>
int main()
    {
    int a[11];                          //用 a[1]～a[10],a[0]不用
    int i,j,t;                          //i,j 作循环控制变量,t 作中间变量
    printf("input 10 numbers:\n");
    for(i=1;i<11;i++)
    scanf("%d",&a[i]);                  //输入 10 个整数
    printf("\n");
    for(j=1;j<=9;j++)                   //第 j 趟比较
```

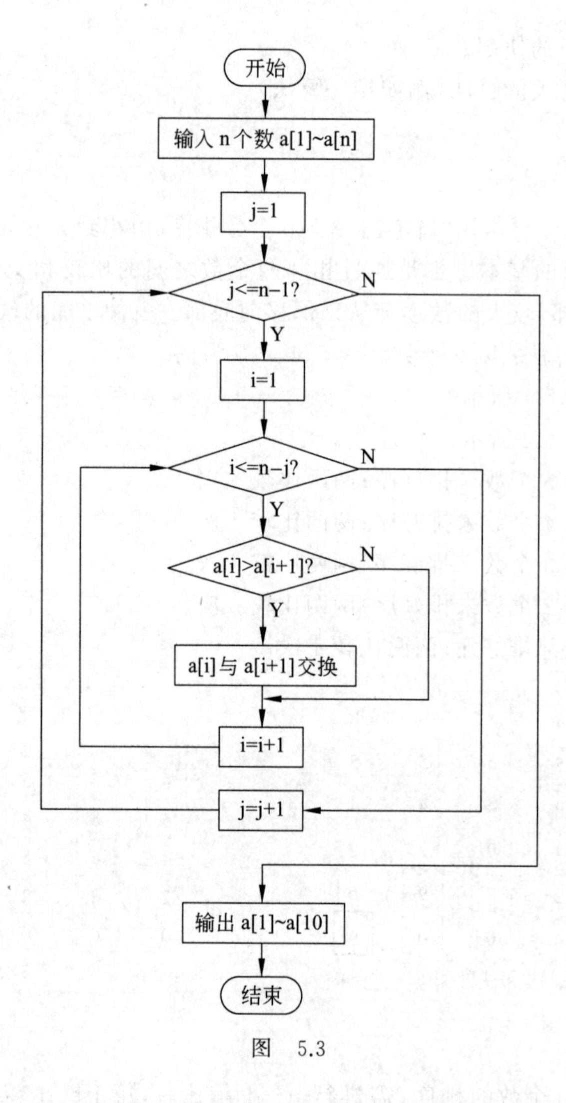

图 5.3

```
        for(i=1;i<=10-j; i++)            //第 j 趟中两两比较 10-j 次
        if(a[i]>a[i+1])
        {
            t=a[i];
            a[i]=a[i+1];
            a[i+1]=t;
        }
        printf("the sorted numbers:\n");
        for(i=1;i<11;i++)
        printf("%-2d",a[i]);
        return 0;
}
```

(4) 运行结果如下：

```
input 10 numbers
```

```
1 3 6 8 2 7 9 0 4 5
the sorted numbers:
0 1 2 3 4 5 6 7 8 9
```

【作业】

(1) 有一个已排好序的数组,今输入一个数,要求按原来排序的规律将它插入数组中。

(2) 输入 10 个整数存入一维数组,再按逆序重新存放后再输出。

(3) 有 15 个数按由小到大的顺序存放在一个数组中,输入一个数,要求用折半查找法找出该数是数组中第几个元素的值。如果该数不在数组中,则打印出“无此数”。

(4) 输入一个字符串,将其中的所有大写字母改为小写字母,而所有小写字母全部改为大写字母,然后输出。

实验六　二维数组

【目的与要求】

(1) 掌握二维数组的定义、赋值和输入输出的方法。

(2) 掌握字符数组的使用。

(3) 掌握与数组有关的算法(如排序算法)。

【上机内容】

【例 6-1】 有一个 M×N 阶矩阵,求其中最大值和最小值及它们的行号和列号。

(1) 分析:首先把第一个元素 a[0][0]作为临时最大值 max,然后把临时最大值 max 与每一个元素 a[i][j]进行比较。若 a[i][j]>max,把 a[i][j]作为新的临时最大值,并记录下其下标 i 和 j。当全部元素比较完后,max 是整个矩阵全部元素的最大值。以 5×5 阶矩阵为例,如图 6.1 所示。

	j= 0	1	2	3	4
i= 0	12	28	55	10	11
1	20	12	9	31	25
2	13	24	13	8	44
3	30	3	57	7	22
4	37	0	76	30	21

图　6.1

（2）程序流程图如图 6.2 所示。

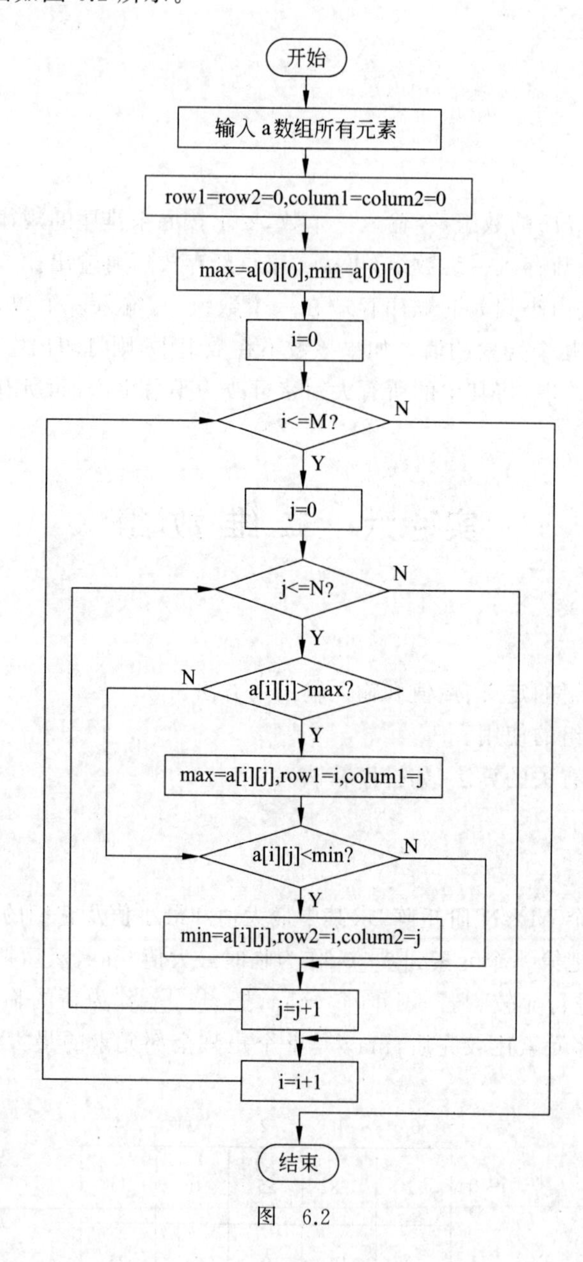

图 6.2

（3）程序清单如下：

```
#define M 5
#define N 5
#include <stdio.h>
int main()
{
    int i, j, max, min, row1, row2, colum1, colum2, a[M][N];
    printf("input the numbers:\n");
```

```
for(i=0;i<M;i++)
    for(j=0;j<N;j++)
        scanf( "%d",&a[i][j]);
row1=row2=colum1=colum2=0;
max=min=a[0][0];
for(i=0;i<M;i++)
   for(j=0;j<N;j++)
       { if(a[i][j]>max)
            { max=a[i][j];              //将当前最大值赋给 max
              row1=i;                   //记录最大值的行号
              colum1=j;                 //记录最大值的列号
            }
          if(a[i][j]<min)
            { min=a[i][j];              //将当前最小值赋给 min
              row2=i;                   //记录最小值的行号
              colum2=j;                 //记录最小值的列号
            }
       }
printf("max=%d,row1=%d,colum1=%d\n",max,row1,colum1);
printf("min=%d,row2=%d,colum2=%d\n",min,row2,colum2);
return 0;
}
```

(4) 运行结果如下：

```
input the numbers:
12 28 55 10 11
20 12  9 31 25
13 24 13  8 44
30  3 57  7 22
37  0 76 30 21
max=76, row1=4, colum1=2
min=0, row2=4, colum2=1
```

【作业】

(1) 利用字符数组打印以下图案：

```
*****
 *****
  *****
   *****
    *****
```

(2) 编写一个程序，使之能利用数组求斐波那契(Fibonacci)序列：1,1,2,3,5,8,…。请按每行 5 个数的格式输出前 20 项。序列满足关系式：

$$F[n]=F[n-1]+F[n-2]$$

（3）打印出以下的杨辉三角形（要求打印出10行）。

```
1
1 1
1 2 1
1 3 3 1
1 4 6 4 1
1 5 10 10 5 1
...
```

实验七　函　数　（一）

【目的与要求】

（1）理解和掌握多模块的程序设计与调试的方法。

（2）掌握C语言函数的定义方法、函数的声明和调用方法。

（3）理解函数调用时实参与形参的对应关系，以及主调、被调函数之间的数据传递方式。

（4）掌握函数的嵌套调用和递归调用的方法。

【上机内容】

【例7-1】 写一个判断素数的函数，在main()函数中输入一个整数，输出是否素数的信息。

（1）分析：让m被2到$\sqrt{m}$除，如果m能被2～$\sqrt{m}$的任何一个整数整除，则提前结束循环，此时i必然小于或等于k（即$\sqrt{m}$）；如果m不能被2～k（即$\sqrt{m}$）的任一整数整除，则在完成最后一次循环后，i还要加1，因此i=k+1，然后才终止循环。在循环之后判别i的值是否大于或等于k+1，若是，则表明未曾被2～k任一个整数整除过，因此输出“是素数”。

（2）程序流程图如图7.1所示。

（3）程序清单如下：

```
#include<math.h>
#include <stdio.h>
int Prime(int m)
{
    int k,i,a;
    k=sqrt(m);
    for(i=2; i<=k; i++)
        if(m%i==0)break;
    if(i>k) a=1;
    else a=0;
    return a;
```

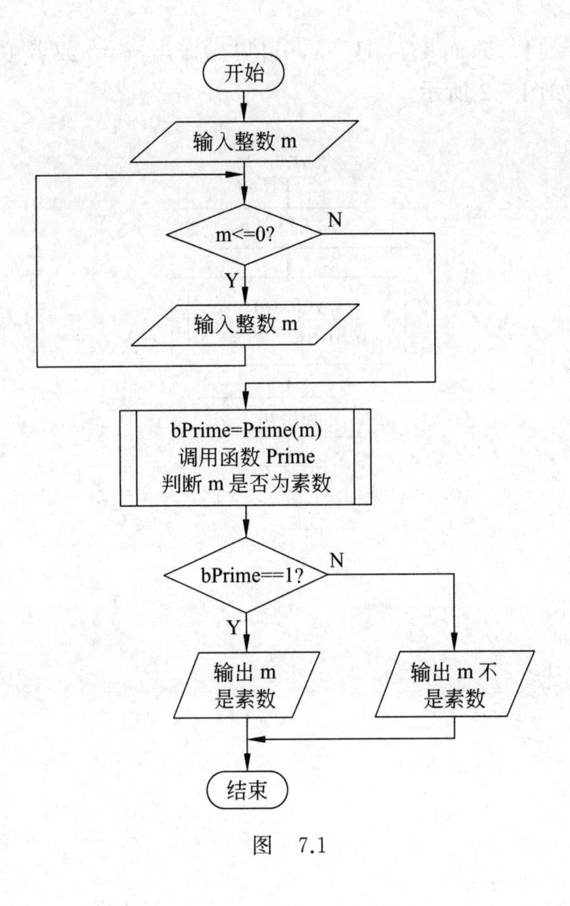

图 7.1

```
}
int main()
{
    int m, bPrime;
    scanf("%d",&m);
    while(m <=0)
        scanf("%d",&m);
    bPrime=Prime(m);
    if(bPrime)printf("%d is a prime number \n",m);
    else printf("%d is not a prime number \n",m);
    return 0;
}
```

（4）运行结果如下：

```
17
17 is a prime number
```

【例 7-2】 采用递归设计一个求 n!的函数。

（1）分析：求 n!的值，可用下面的递归公式表示：

$$n! = \begin{cases} 1, & n=0,1 \\ n*(n-1)!, & n>1 \end{cases}$$

例如，求5!。5!＝4!×5，而4!＝3!×4，…，1!＝1，当n＝0或者1时，停止递归。

(2) 程序流程图如图7.2所示。

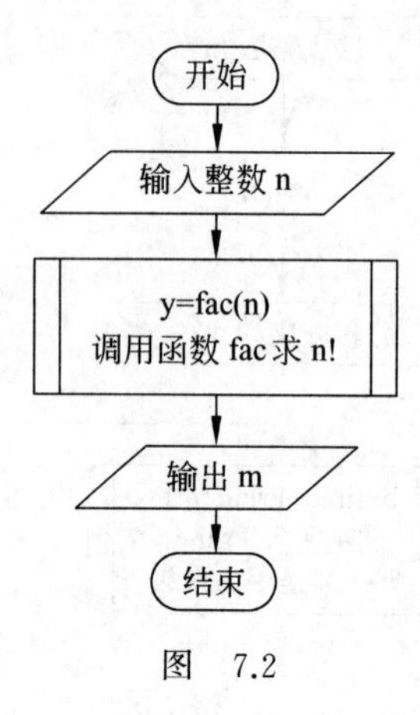

图 7.2

(3) 程序清单如下：

```
#include< stdio.h>
int fac(int n)
{
    int f;
    if(n==0 || n==1)
        f=1;
    else
        f=fac(n-1) * n;
    return (f);
}
int main()
{
    int n,y;
    do
    {
        printf("input an integer number:");
        scanf("%d",&n);
    }while(n<0);
    y=fac(n);
    printf("%d!=%d\n",n,y);
    return 0;
}
```

(4) 运行结果如下：

```
input an integer number:10
10!= 3628800
```

【作业】

(1) 上机调试下面的程序，记录系统给出的出错信息，并指出出错的原因。

```
#include <stdio.h>
```

```
int main()
{
    int x,y;
    printf("%d\n",sum(x+y));
    int sum(int a,b)
    {
        return(a+b);
    }
    return 0;
}
```

(2) 定义一个函数,功能是计算 n 个学生的成绩中,高于平均成绩的人数,并作为函数值。用 main()函数来调用它,统计 50 个学生成绩中,高于平均成绩的有多少人。

(3) 编写一个对 n 个数据从大到小的排序 C 函数,再编写一个计算最后得分的 C 函数。计算方法:去除一个最高分,去除一个最低分,其余的平均分为参赛选手的最后得分。在主函数中调用它们,对有 n 个评委评分,m 个选手参赛的最后得分,按大到小的顺序排序输出。

(4) 编写一个计算 n!的函数,用 main()函数调用它,使之输出 7 阶杨辉三角形。

```
1
1 1
1 2 1
1 3 3 1
1 4 6 4 1
1 5 10 10 5 1
1 6 15 20 15 6 1
1 7 21 35 35 21 7 1
```

(5) 编写一个程序,包括主函数和如下子函数。

① 输入 10 个无序的整数。

② 用冒泡法从大到小排序。

分析:input()函数完成 10 个整数的录入。sort()函数完成冒泡法排序。

(6) 设计一个程序,对于从键盘输入的年、月、日,计算并输出相应是星期几。例如,2000 年 7 月 1 日是星期三,要求输出形式为 7-1-2000:<3>。

提示:推算公式

$$s = yy - 1 + (yy - 1)/4 - (yy - 1)/100 + (yy - 1)/400 + dd$$

$$w = s - 7 * (s/7)$$

其中,yy 是年份数,dd 是 yy 年元旦到日期 d 的总天数,w 是星期序数,w=0,1,2,…。

(7) 用牛顿迭代法求根。方程为 $ax^3 + bx^2 + cx + d = 0$,系数 a、b、c、d 由主函数输入。求 x 在 1 附近的一个实根。求出根后,由主函数输出。

(8) 写两个函数,分别求两个正数的最大公约数和最小公倍数,用主函数调用这两个函数并输出结果。两个正数由键盘输入。

实验八　函　数　(二)

【目的与要求】

(1) 理解和掌握数组作为函数参数的用法。

(2) 领会一维数组和二维数组作为函数参数的参数传递方式。

(3) 理解变量的作用域。

【上机内容】

【例 8-1】 输入 10 个数,用选择法对 10 个数排序(由小到大)。

(1) 分析:选择法的思想:每一趟从待排序的记录中选出关键字最小的记录,顺序地放在已排好序的子文件的最前(升序),直到全部记录排序完毕。

下面以 4 5 3 1 2 6 9 7 8 0 十个数为例。

① 对有 n 个数的序列(存放在数组 a[n]中),从中选出最小的数,与第 1 个数交换位置。

a[1]	a[2]	a[3]	a[4]	a[5]	a[6]	a[7]	a[8]	a[9]	a[10]
4	5	3	1	2	6	9	7	8	0
0	5	3	1	2	6	9	7	8	4

② 除第 1 个数外,其余 n－1 个数中选最小的数,与第 2 个数交换位置。

a[1]	a[2]	a[3]	a[4]	a[5]	a[6]	a[7]	a[8]	a[9]	a[10]
0	5	3	1	2	6	9	7	8	4
0	1	3	5	2	6	9	7	8	4

③ 以此类推,选择了 n－1 次后,这个数列已按升序排列。

a[1]	a[2]	a[3]	a[4]	a[5]	a[6]	a[7]	a[8]	a[9]	a[10]
0	1	3	5	2	6	9	7	8	4
0	1	2	5	3	6	9	7	8	4

直到第 9 趟比较完毕后为:

0　1　2　3　4　5　6　7　8　9

(2) 程序流程图如图 8.1 所示。

(3) 程序清单如下:

```
#include <stdio.h>
void sort(int [],int);
int main()
{
    int i,a[10];
    printf("input 10 numbers:\n");
    for(i=0;i<10;i++)
    scanf("%d",&a[i]);              //输入 10 个整数
    sort(a,10);
    printf("the sorted numbers:\n");
```

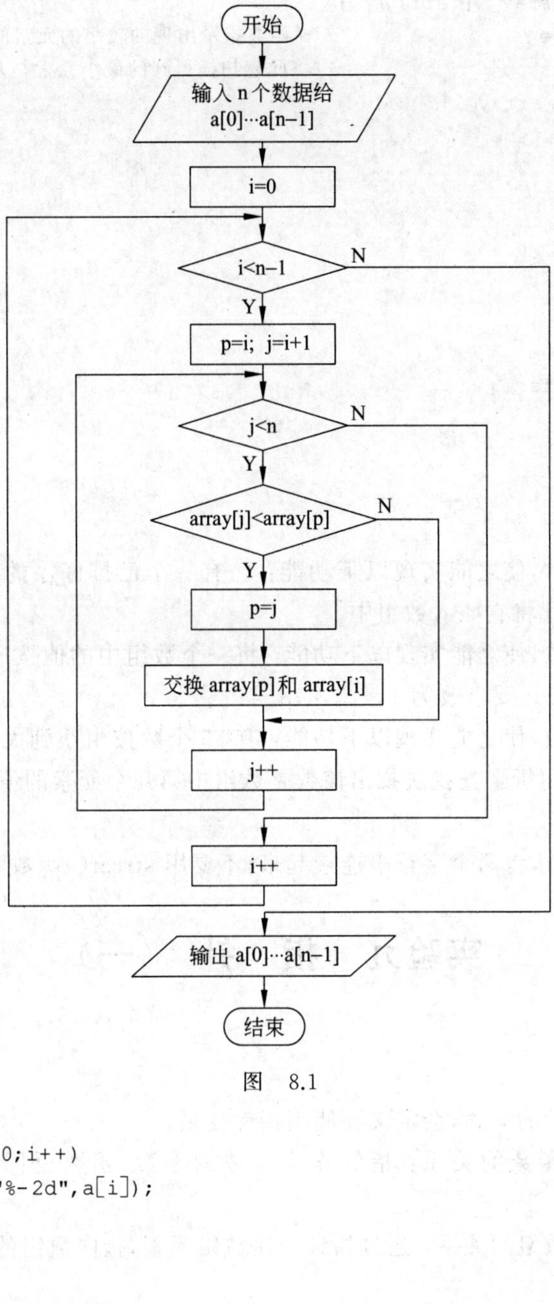

图 8.1

```c
    for(i=0;i<10;i++)
        printf("%-2d",a[i]);
    return 0;
}

void sort(int array[],int n)
{
    //n 为数组元素个数
    int i,j,p,temp;
    //i 为基准位置,j 为当前被扫描元素位置,p 用于暂存出现的较小的元素的位置
    for(i=0;i<n-1;i++)
    {
        p=i;                            //p 初始化为基准位置
        for(j=i+1;j<n;j++)
```

```
            if (array[j]<array[p])
                p=j;                    //p 始终指示出现的较小的元素的位置
        temp=array[p];                  //将此趟扫描得到的最小元素与基准互换位置
        array[p]=array[i];
        array[i]=temp;
    }
}
```

(4) 运行结果如下:

```
input 10 numbers:
4 5 3 1 2 6 9 7 8 0
the sorted numbers:
0 1 2 3 4 5 6 7 8 9
```

【作业】

(1) 定义一个函数,使之能实现以下功能:已有一个已排好序的数组,今输入一个数,要求按原来排序的规律将它插入数组中。

(2) 定义一个函数,使之能实现以下功能:将一个数组中的值按逆序重新存放。例如,原来顺序为8,6,5,4,1。要求改为1,4,5,6,8。

(3) 定义一个函数,使之能实现以下功能:有15个数按由小到大顺序存放在一个数组中,输入一个数,要求用折半查找法找出该数是数组中第几个元素的值。如果该数不在数组中,则打印出“无此数”。

(4) 定义一个函数,将两个字符串连接起来,不要用strcat()函数。

实验九 指 针 (一)

【目的与要求】

(1) 掌握有关指针的概念,会定义和使用指针变量。

(2) 掌握指针和函数的关系:指针作为函数的参数,函数返回指针值,指向函数的指针。

(3) 掌握指针和数组的关系:通过指针引用数组元素,指向数组的指针等。

【上机内容】

【例9-1】 输入10个数,用冒泡法对10个数排序(由小到大)。

(1) 分析:冒泡排序就是比较相邻的两个数,如果此对数为升序,则保持不变;如果为降序,则互相交换。如果有n个数进行比较,则每一趟会使一个最大的数“沉底”,共进行n−1趟,则这n个数就可以完成排序。

冒泡算法:以9,8,5,4,2为例。

① 第一趟比较。

第一次比较 9 和 8,由于是降序,则两个数互换,结果为：8,9,5,4,2。

第二次比较 9 和 5,同样互换,结果为：8,5,9,4,2。

这样一共比较 4 次,就可使 9“沉底”,得到结果为：8,5,4,2,9。

② 第二趟比较

与第一趟一样,由于 9 已经在最后了,则只用比较 8,5,4,2。比较 3 次后得到结果为：5,4,2,8,9。

③ 一共进行 4 趟类似的比较,就可以得到结果：2,4,5,8,9。

算法结论：对于 n 个数的排序,需进行 n－1 趟比较,第 j 趟比较需进行 n－j 次两两比较。

(2) 程序流程图如图 9.1 所示。

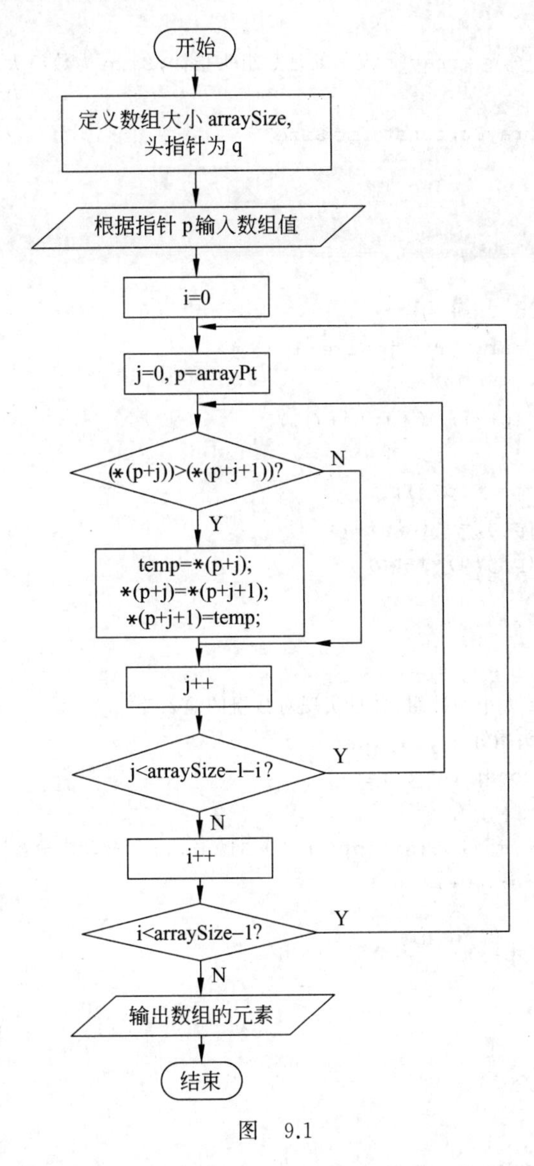

图　9.1

(3) 程序清单如下：

```
#include<malloc.h>
#include <stdio.h>
//用于输出数组,*arrayPt表示的是数组头指针,Size为数组大小
void output(int *arrayPt,const int Size)
{
    int *q=arrayPt,i;
    for(i=0;i<Size;i++)
    {
        printf("  %d",*(q+i));
    }
}
//用于对数组进行排序,*arrayPt表示的是数组头指针,Size为数组大小
//采用的是冒泡排序
void sort(int *arrayPt,const int Size)
{
    int temp;
    int *p;
    int i,j;
    for(i=0;i<Size-1;i++)
        for(j=0, p=arrayPt; j<Size-1-i; j++)
        {
            if ((*(p+j))>(*(p+j+1)))
            {
                temp=*(p+j);
                *(p+j)=*(p+j+1);
                *(p+j+1)=temp;
            }
        }
}
//用于创建一个Size大小的数组,并且实现对数组的输入
//返回创建后数组的头指针
int *inputarray(const int Size)
{
    int *p=(int *)malloc(sizeof(int)*Size),i;  //动态分配Size大小的数值空间
    for(i=0; i<Size; i++)
    {
        scanf("%d",p+i);
    }
    return p;
}
int main()
{
    const int arraySize=5;
    int *q;
```

```
    printf("Please input %d number:\n",arraySize);
    q=inputarray(arraySize);          //数组输入,返回头指针
    printf("\nBefore sort:");
    output(q,arraySize);              //数组输出,参数为头指针和数组大小
    sort(q,arraySize);                //数组排序,参数为头指针和数组大小
    printf("\nAfter sort,the %d number is :\n",arraySize);
    output(q,arraySize);
    return 0;
}
```

(4) 运行结果如下：

```
Please input 5 number:
9 8 5 4 2

Before sort:  9  8  5  4  2
After sort:  2  4  5  8  9
```

【作业】

(1) 设计一个使用指针的函数,交换数组 a 和数组 b 的对应元素。

(2) 利用指针完成下列函数：求整型数组中元素的最大值。

(3) 编写程序,使用指针将字符串 str 中的所有字符'k'删除。

(4) 用指针方法完成选择法排序函数。

(5) 用指针操作实现将整型数组元素循环右移 m 位的程序。

(6) 有 n 个人围成一圈,顺序排号。从第一个人开始报数(从 1 到 3 报数),凡报到 3 的人退出圈子,问最后留下的是原来第几号的那位。

(7) 写一个函数,求一个字符串的长度,在 main()函数中输入字符串,并输出其长度。

实验十　指　针　(二)

【目的与要求】

(1) 理解指针函数的概念。

(2) 掌握指针函数的定义和调用方法。

【上机内容】

【例 10-1】 编写程序,输入数组大小后,通过动态分配内存函数 malloc 产生数组。

(1) 分析：指针函数是指函数返回值是指针类型的函数,调用者可以获得返回的指针地址进行相关操作。

步骤：先定义一个整型指针函数,函数体内根据传入参数动态地分配一块内存,并将内存首地址返回。在 main()函数中对返回地址进行读写操作。

(2) 程序流程图如图 10.1 所示。

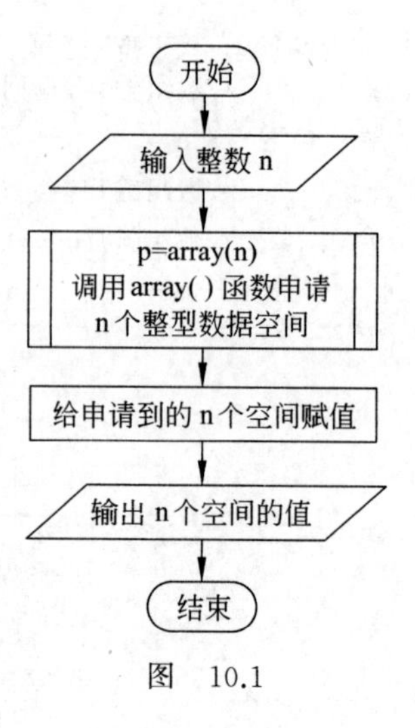

图 10.1

（3）程序清单如下：

```
#include <stdio.h>
#include <stdlib.h>
int * array(int n)
{
    int * p;
    p=(int *)malloc(n * sizeof(int));
    return p;
}
int main()
{
    int i,n, * p;
    printf("\nEnter n:");
    scanf("%d",&n);
    p=array(n);
    if (p)
    {
        for(i=0;i<n;i++)
            * (p+i)=i;
        for(i=0;i<n;i++)
            printf("%d, ", * (p+i));
        printf("\n");
    }
}
```

（4）运行结果如下：

```
Enter n:10
0, 1, 2, 3, 4, 5, 6, 7, 8, 9,
```

【作业】

(1) 设计函数 char * insert(s1,s2,n),用指针实现在字符串 s1 中的指定位置处 n,插入字符串 s2。

(2) 利用指针完成字符串复制函数 char * strcpy(char * s1,char * s2)。

实验十一　结构与联合

【目的与要求】

(1) 掌握结构类型和结构类型变量的定义。

(2) 掌握运算符"."和"－＞"的应用,掌握结构变量的使用方法。

(3) 掌握链表的概念及基本操作。

(4) 掌握联合的概念和使用。

【上机内容】

【例 11-1】 输入一名学生的基本信息,并输出该学生的基本信息。

(1) 分析:将学生的基本信息定义为一个结构类型,依次输入一名学生的基本信息,然后依次输出该学生的基本信息。

(2) 程序流程图如图 11.1 所示。

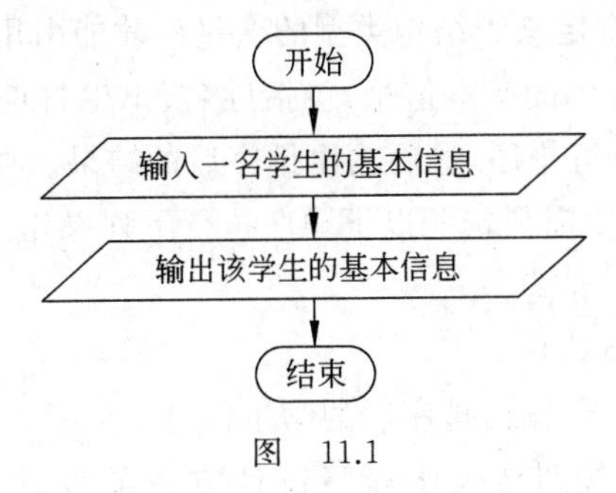

图　11.1

(3) 程序清单如下:

```
#include <stdio.h>
struct student
{
    char name[20];
    unsigned long birthday;
    float weight;
};
int main()
{
```

```
    struct student stu1;
    printf("请输入学生的基本信息:\n");
    printf("姓名:");
    scanf("%s",stu1.name);
    printf("生日:");
    scanf("%ld",&stu1.birthday );
    printf("体重:");
    scanf("%f",&stu1.weight);
    printf("该学生的基本信息:\n");
    printf("姓名:%s\n 出生日期:%ld\n 体重:%8.2f\n", stu1.name,stu1.birthday,stu1.
    weight);
}
```

（4）运行结果如下：

```
请输入学生的基本信息:
姓名:wangzhidong
生日:19821012
体重:61.5


该学生的基本信息如下:
姓名:wangzhidong
出生日期:19821012
体重:   61.50
```

（5）小结。

① 结构类型和结构类型的变量是两个不同的概念。

② 结构类型的成员只有定义了结构类型的变量后才能引用。

【例 11-2】 输入 4 名学生的基本信息，包括姓名、出生日期、身高。然后将这 5 名学生按照身高由高到低的顺序进行排序，最后输出排序后的结果。要求用结构数组实现。

（1）分析：在这个程序中需要按照以下顺序执行下列操作。

① 输入 4 名学生的基本信息。

② 按照学生的身高进行排序。

③ 输出排序后的学生信息。

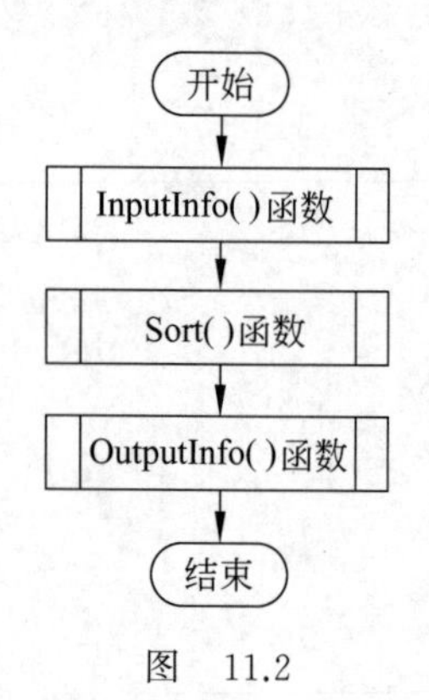

图 11.2

按照结构化程序设计方法的设计思路，在这个程序中，除了main()函数外，还设计了 3 个子函数分别用于输入、排序和输出，它们是 InputInfo()函数、Sort()函数和 OutputInfo()函数。

将学生的基本信息声明为结构类型，循环地输入这 5 名学生的基本信息，然后采用冒泡排序法按照身高由高到低的顺序进行排序，最后输入排序后的结果。

（2）程序流程图如图 11.2 所示。

由于篇幅有限，在这里仅给出 main()函数的算法流程图，对于其他函数的算法流程图请读者自行画出。

(3) 程序清单如下：

```
#include <stdio.h>
#define N 3
struct student                          //声明 student 结构类型
{
    char name[20];
    unsigned long birthday;
    float height;
};
void InputInfo(struct student[],int);
void Sort(struct student[],int);
void OutputInfo(struct student[],int);

int main()
{
    struct student stu[N];              //声明结构数组
    InputInfo(stu,N);
    OutputInfo(stu,N);
    Sort(stu,N);
    printf("\n 排序后");
    OutputInfo(stu,N);
}
void InputInfo(struct student ss[],int n)
{
    int i;
    printf("请输入%d 名学生的基本信息(姓名 出生日期 身高)\n",n);
    for(i=0;i<n;i++)
    {
        scanf("%s",ss[i].name);
        scanf("%ld",&ss[i].birthday );
        scanf("%f",&ss[i].height);
    }
    printf("\n");
}
void Sort(struct student ss[],int n)
{
    int i,j;
    struct student temp;                //声明结构类型变量,作为交换的中间变量
    for(i=0;i<n-1;i++)
        for(j=0;j<n-1-i;j++)
            if(ss[j].height<ss[j+1].height)
            {
                temp=ss[j];
                ss[j]=ss[j+1];
                ss[j+1]=temp;
```

```
            }
    }
    void OutputInfo(struct student ss[ ],int n)
    {
        int i=0;
        printf("学生的基本信息如下:\n");
        for(i=0;i<n;i++)
        {
            printf("姓名:%s\t 出生日期:%ld\t 身高:%8.2f\n", ss[i].name,ss[i].birthday,
        ss[i].height);
        }
    }
```

(4) 运行结果如下：

```
请输入3名学生的基本信息(姓名 出生日期 身高)
王红 19880108 1.65
张春来 19881009 1.78
李娜 19880612 1.69

学生的基本信息如下:
姓名:王红        出生日期:19880108        身高:     1.65
姓名:张春来      出生日期:19881009        身高:     1.78
姓名:李娜        出生日期:19880612        身高:     1.69

排序后学生的基本信息如下:
姓名:张春来      出生日期:19881009        身高:     1.78
姓名:李娜        出生日期:19880612        身高:     1.69
姓名:王红        出生日期:19880108        身高:     1.65
```

(5) 小结。

① 结构数组是同类型的结构变量的集合。

② 引用结构数组的元素与引用普通数组元素的方法完全一样。如 stu[0]是引用结构数组 stu 的第 0 个元素。每个 stu[i]等同于一个结构变量。

③ 结构和结构数组都可以作为函数的参数，在函数之间传递信息。

④ 同类型的结构变量可以相互赋值。在排序函数 Sort()中声明了一个结构类型的变量 temp，用于在排序过程中交换两个数组元素时的中间变量。

【例 11-3】 输入 3 名学生的基本信息，将这 3 名学生的基本信息输出，然后输入一个体重信息，查找并输出重于该体重的所有学生的基本信息。要求用链表(队列)完成。

(1) 分析：在这个程序中需要按照以下顺序执行下列操作。

① 输入 3 名学生的基本信息。

② 输出 3 名学生的基本信息。

③ 输入某个体重信息。

④ 查找并输出重于该体重的学生信息。

按照结构化程序设计方法的设计思路，在这个程序中，除了 main()函数外，还设计了 3 个子函数分别用于输入、输出和查找操作，它们是 InputInfo()函数、OutputInfo()函数和 SearchInfo()函数。

(2) 程序流程图如图 11.3 所示。

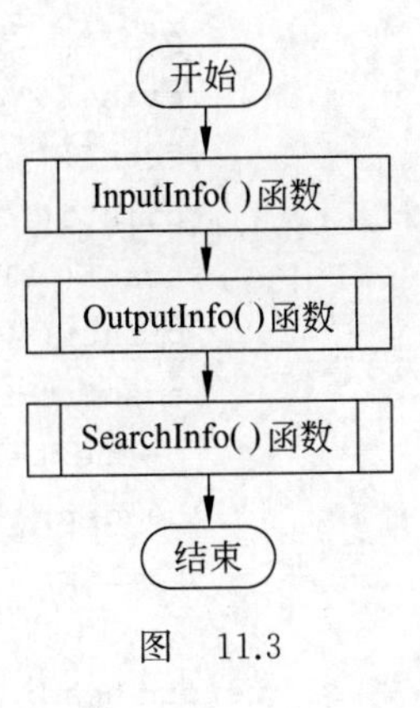

图 11.3

由于篇幅有限,在这里仅给出 main()函数的算法流程图,对于其他函数的算法流程图请读者自行画出。

(3) 程序清单如下:

```
#include <stdio.h>
#include <stdlib.h>
struct student
{
    char name[20];
    unsigned long birthday;
    float weight;
    struct student *next;
};
struct student * InputInfo(void);
void SearchInfo(struct student *,float);
void OutputInfo(struct student *);
int main()
{
    struct student *head=NULL;
    float w;
    head=InputInfo();
    OutputInfo(head);
    printf("请输入一个体重信息:");
    scanf("%f",&w);
    SearchInfo(head,w);
}
struct student * InputInfo(void)
{
    struct student *head=NULL, *p, *tail;
    int i=0;
    printf("请输入学生的基本信息:\n");
    p=(struct student *)malloc(sizeof(struct student));
    printf("姓名:");
    scanf("%s",p->name);
    printf("生日:");
    scanf("%ld",&p->birthday );
    printf("体重:");
    scanf("%f",&p->weight);
    p->next=head;
    head=p;
    tail=p;
    i++;
    for(;i<3;i++)
    {
```

```
        p=(struct student *)malloc(sizeof(struct student));
        printf("\n姓名:");
        scanf("%s",p->name);
        printf("生日:");
        scanf("%ld",&p->birthday);
        printf("体重:");
        scanf("%f",&p->weight);
        p->next=head;
        head=p;
        tail=p;
    }
    return head;                    //将链表头指针返回
}
void SearchInfo(struct student *head,float fw)
{
    struct student *p=head;
    int flag=1;
    while(p!=NULL)
    {
        if(p->weight>fw)
        {
            printf("\n%s %ld %8.2f",p->name,p->birthday,p->weight);
            flag=0;
        }
        p=p->next;
    }
    if(flag)
        printf("没有比%f重的学生\n",fw);
    else
        printf("\n");
}
void OutputInfo(struct student *head)
{
    struct student *p=head;
    printf("\n学生的基本信息如下:\n");
    while(p!=NULL)
    {
        printf("姓名:%s  出生日期:%ld  体重:%8.2f\n", p->name,p->birthday,
        p->weight);
        p=p->next;
    }
}
```

(4) 运行结果如下：

```
请输入学生的基本信息:
姓名:Wangli
生日:19840105
体重:45.5

姓名:Lihong
生日:19841011
体重:44.5

姓名:Zhangjia
生日:19840923
体重:50.5

学生的基本信息如下:
姓名:Zhangjia  出生日期:19840923  体重:    50.50
姓名:Lihong  出生日期:19841011  体重:    44.50
姓名:Wangli  出生日期:19840105  体重:    45.50
请输入一个体重信息:45

Zhangjia 19840923     50.50
Wangli 19840105     45.50
```

(5) 小结。

① 链表是结构类型的一个具体的应用，采用动态存储分配方式申请节点所需的存储单元。

② 因为需要使用动态存储分配函数，所以必须将头文件 stdlib.h 包含在程序中。

【作业】

(1) 设计一个保存学生情况的结构，学生情况包括姓名、学号和年龄。输入 5 名学生的情况，输出这 5 名学生的平均年龄和年龄最小的学生的情况(使用结构数组实现)。

(2) 定义一个名为 student_record 的结构，用于描述学生的姓名、出生日期和总分。出生日期也用嵌套的结构类型来表示。请编写一个程序，读取某班 10 名学生的数据，并按总分排序。

(3) 请定义含有 3 个成员的结构：城市名、城市人口和文化程度，随机读取 5 个城市的详细信息，然后完成：①按城市名的字母顺序排序；②按人口数量排序；③按文化程度排序。显示已经排序的列表。

(4) 使用结构数组输入 10 本书的名称和单价，调用函数按照书名的字母顺序进行排序，在 main()函数中输出排序结果(使用结构数组或链表实现)。

(5) 建立一个有 5 个节点的单向链表，每个节点包含姓名、年龄和工资。编写两个函数，一个用于建立链表，另一个用来输出链表。

(6) 在上述第(4)题的基础上，编写插入节点的函数，在指定位置插入一个新节点。

(7) 在上述第(5)题的基础上，编写删除节点的函数，在指定位置删除一个节点。

实验十二　文　　件

【目的与要求】

(1) 掌握C语言中文件和文件指针的概念以及文件的定义方法。

(2) 了解C语言中文件打开和关闭的概念以及文件操作的步骤。

(3) 掌握有关文件函数的使用方法。

(4) 掌握含有文件操作的程序设计和调试方法。

【上机内容】

【例12-1】 从键盘输入一行字符,将它们写入磁盘文件mychar.txt中。

(1) 分析:该程序是要以写方式打开一个文件,然后逐个地用键盘输入,然后将字符写到磁盘文件中。

(2) 程序清单如下:

```
#include <stdio.h>
#include <stdlib.h>
int main(void)
{
    FILE * fp;
    char ch;
    if((fp=fopen("mychar.txt","w"))==NULL)      //以写方式打开文件
    {
        printf("打开文件失败");
        exit(0);
    }
    printf("请输入一串字符:\n");
    while((ch=getchar())!=EOF)
        fputc(ch,fp);
    fclose(fp);
}
```

(3) 运行结果如下:

运行时,从键盘输入如下所示:

```
请输入一串字符:
abcdefghijklmnopqrstuvwxyz
^Z
```

程序运行后,在当前盘当前目录下就会出现一个mychar.txt文件,将该文件记事本打开,应看到刚才输入的一串字符。

(4) 小结。

① 文件操作的步骤由6个部分组成,即包含头文件stdlib.h、说明文件指针、打开文件

获得文件指针、检查打开文件是否成功、调用读写函数进行所需的处理和关闭文件。

② 在写文本文件时，需要以"w"的方式将文件打开。

【例 12-2】 建立一个磁盘文件，从键盘输入一个字符串，将该字符串写入该文件，并输出到屏幕上。

(1) 分析：该程序是要先建立一个文件，然后从键盘输入一串字符，再从该磁盘文件中读出字符串并显示在屏幕上。

(2) 程序流程图图 12.1 所示。

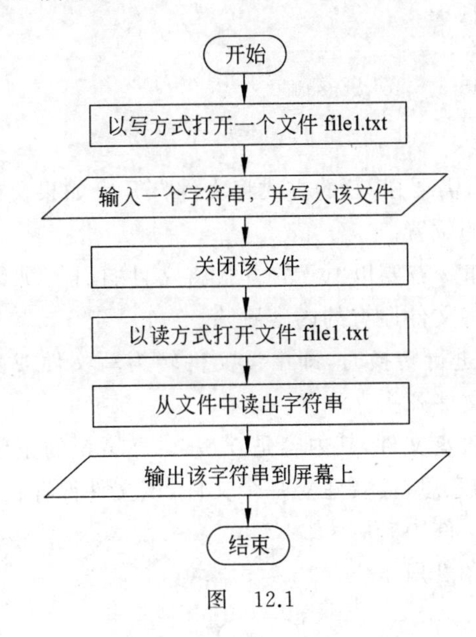

图 12.1

(3) 程序清单如下：

```
#include <stdio.h>
#include <stdlib.h>
int main(void)
{
    FILE * fp;
    char str[80];
    if((fp=fopen("file1.txt","w"))==NULL)   //以写方式打开文件
    {
        printf("打开文件失败");
        exit(0);
    }
    printf("请输入一串字符(最多 80 个):\n");
    gets(str);
    fputs(str,fp);
    fclose(fp);                              //关闭文件
    if((fp=fopen("file1.txt","r"))==NULL)   //以读方式打开文件
    {
        printf("打开文件失败");
        exit(0);
```

```
    }
    fgets(str,80,fp);
    printf("文件中的字符串为:");
    printf("%s\n",str);
    fclose(fp);
}
```

(4) 运行结果如下:

```
请输入一串字符(最多80个):
This is a file program

文件中的字符串为: This is a file program
```

(5) 小结。

① 在读取文本文件时,需要以"r"的方式将文件打开。如果文件被成功地打开,文件读写指针将指向第一个字符的位置。

② 在需要写文本文件时,需要以"w"的方式将文件打开。如果文件不存在,就新建一个文件;如果文件存在,则将文件原有的内容删除。

③ 当在读写文件之间进行转换时,即由读文件转为写文件或由写文件转为读文件时,必须重新定位读写指针到文件开头。

【例 12-3】 建立一个磁盘文件,其内容是 0°~90°每隔 5°的正弦值。

(1) 分析:根据题目的意思,需要建立一个文件,该文件保存在磁盘上。然后将 0°~90°每隔 5°的正弦值写入到该文件中。

(2) 程序流程图如图 12.2 所示。

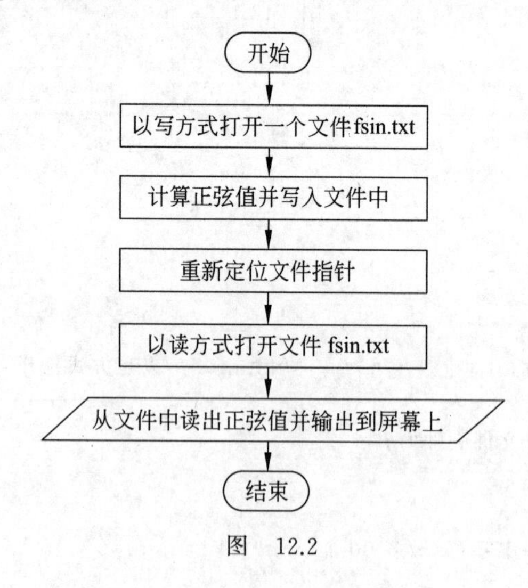

图 12.2

(3) 程序清单如下:

```
#include <stdio.h>
#include<math.h>
#include <stdlib.h>
#define PI 3.14159
```

```
int main()
{
    FILE * fp;
    float s,a[19]={0.0f};
    int i;
    if((fp=fopen("fsin.txt","w"))==NULL)     //以写方式打开文件
    {
        printf("打开文件失败");
        exit(0);
    }
    for(i=0; i<=90; i+=5)
    {
        s=(float)sin(i * PI/180.0);
        fprintf(fp,"%8.4f",s);         //将正弦值按照规定的格式写到由 fp 所指的文件中
    }
    rewind(fp);                        //重新定位文件读写指针到文件开头
    if((fp=fopen("fsin.txt","r"))==NULL)      //以读方式打开该文件
    {
        printf("打开文件失败");
        exit(0);
    }
    for(i=0; i<19; i++)
        fscanf(fp,"%f",&a[i]);         //从指针 fp 所指的文件中读取数据到数组 a 中
    for(i=0; i<19; i++)
    {
        printf("%8.4f",a[i]);          //将数组的内容输出到屏幕上
        if((i+1)%5==0)
            printf("\n");
    }
    printf("\n");
    fclose(fp);                        //关闭文件
}
```

(4) 运行结果如下：

```
0.0000  0.0872  0.1736  0.2588  0.3420
0.4226  0.5000  0.5736  0.6428  0.7071
0.7660  0.8192  0.8660  0.9063  0.9397
0.9659  0.9848  0.9962  1.0000
```

(5) 小结。

① 该程序是格式化输入输出 fscanf()函数和 fprintf()函数的应用。

② 如果用 fprintf()函数向文件写入多个数据时，要在每个格式控制符后加空格，以便分隔写入文件中的数据。如 fprintf(fp,"%d %s %f %f %f\n",no,name,score1,score2,score3);。

③ 该程序从 rewind(fp);那一行后的程序段，如果全部改为如下程序段，可以达到相同的目的。

```
if((fp=fopen("fsin.dat","r"))==NULL)       //以读方式打开文件
```

```
    {
        printf("打开文件失败");
        exit(0);
    }
    i=0;
    while(!feof(fp))                                   //文件结束检测
    {
        fscanf(fp,"%f",&s);
        printf("%8.4f",s);
        if((++i)%5==0)
            printf("\n");
        }
    printf("\n");
    fclose(fp);
```

在这个程序段中,是用feof(fp)函数来检测文件是否结束。该函数用于测试对fp文件的I/O操作之后判断文件的读写指针是否已经指向文件结束位置。如果是,则返回值为1;否则为0。有了这个函数就可以不必事先知道文件中到底有多少个数据。该函数既可以用于文本文件,也可以用于二进制文件。

【作业】

(1) 从键盘输入一串小写字母,将它们均转换为大写字母后写入alpha.txt文件中。

(2) 编写程序,功能是从磁盘上读入一个题(1)中建立的文本文件,将文件内容显示在屏幕上,并在每行的起始位置显示行号。

(3) 建立两个由有序的整数序列组成的二进制文件file1.dat和file2.dat,然后将它们合并为一个新的有序整数序列并存放在file3.dat文件中。

(4) 设有一个文件score.dat存放了50名学生的成绩(英语、计算机、数学),存放格式为每人一行,成绩间用逗号分隔。计算这3门课程的平均成绩,统计个人平均成绩大于或等于90分的学生人数。

(5) 统计上题score.dat文件中每名学生的总成绩,并将原有数据和计算出的总分数存放在另一个文件中。

实验报告格式与内容

第2部分 习　题

习题一　顺序结构程序设计

1. 单项选择题

(1) 下列格式符中,(　　)可以用于以八进制形式输出整数。

A. %d　　B. %8d　　C. %o　　D. %ld

(2) 下列格式符中,(　　)可以用于以十六进制形式输出整数。

A. %16d　　B. %16x　　C. %d16　　D. %d

(3) 如有下列定义：int a; char c;,则下列输入语句中(　　)是错误的。

A. scanf("%d,%c",&a,&c);　　B. scanf("%d%c",a,c);

C. scanf("%d%c",&a,&c);　　D. scanf("a=%d,c=%c",&a,&c);

(4) 字符变量 ch='A',int 类型变量 k=25,语句 printf("%3d,%3d\n",ch,k);输出(　　)。注：□表示空格。

A. □65,□25　　B. 65 253　　C. 65,25　　D. A 25

(5) 设 a=1234,b=12,c=34 执行 printf("|%3d%3d%-3d|\n",a,b,c);后的输出是(　　)。

A. |1234 1234 |　　B. |123 1234 |

C. |1234 12-34 |　　D. |234 1234 |

(6) 使用 scanf("x=%f,y=%f",&x,&y); 要使 x、y 均为 1.25,正确的输入是(　　)。

A. 1.25,1.25　　B. 1.25 1.25

C. x=1.25,y=1.25　　D. x=1.25 y=1.25

(7) 若有变量声明：double x; long a;要使变量 x 和 a 获得数据,正确的输入语句是(　　)。

A. scanf("%d,%f",&a,&x);　　B. scanf("%f,%ld",&x,&a);

C. scanf("%ld,%lf",&a,&x);　　D. scanf("%ld,%lf",a,x);

(8) 若有变量声明：double x=1.5; long a=100; 要使变量 x 和 a 中的数据能正确输出,输出语句应是(　　)。

A. printf("%d,%f",a,x);　　B. printf("%ld,%lf",a,x);

C. scanf("%ld,%lf",&a,&x);　　D. printf("%d,%lf",a,x);

(9) 设有 int a=255,b=8;则 printf("%x,%o\n",a,b);的输出的是(　　)。

A. 255,8　　B. ff,10　　C. 0xff,010　　D. 输出格式错

(10) 设有 int i=10,j=10;则 printf("%d,%d\n",++i,j--);的输出的是(　　)。

A. 11,10　　B. 9,10　　C. 10,9　　D. 11,9

(11) 设 a、b 为字符型变量,执行 scanf("a=%c,b=%c",&a,&b);后使 a 为'A',b 为'B',从键盘上的正确输入是(　　)。

A. 'A''B'　　B. 'A','B'　　C. A=A,B=B　　D. a=A,b=B

2. 填空题

(1) 任何程序都可以用 3 种基本结构的叠加、组合来实现。这 3 种基本结构是___①___结构、___②___结构和___③___结构。

(2) 设有以下变量说明:

```
int a=5,b=10;
float x=3.5,y=10.8;
char c1='A',c2='B';
```

要分别输出它们的值,请完成下列语句中的填空:

```
printf("___①___",___②___);
printf("___③___",___④___);
printf("___⑤___",___⑥___);
```

(3) 运行一个 C 程序需要经历___①___、___②___、___③___和运行这 4 个阶段。

(4) C 语言的标识符命名规则是________。

(5) C 程序是由函数构成的。其中有并且只能有___①___个 main()函数。C 语言程序的执行总是由___②___函数开始,并且在___③___函数中结束。

3. 程序题

(1) 若 a=3,b=4,c=5,x=1.2,y=2.4,z=-3.6,u=51274,n=128765,c1='a',c2='b'。想得到以下输出格式和结果,请写出程序(包括定义变量类型和设计输出)。

```
a=□3□□b=□4□□c=□5
x=1.200000,y=2.400000,z=-3.600000
x+y=□3.60□□y+z=-1.20□□z+x=-2.40
u=□51274□□n=□□□128765
c1='a'□or□97(ASCII)
c2='b'□or□98(ASCII)
(□表示空格)
```

(2) 若有变量声明:int a,b; double x,y; char c1,c2; 用 scanf()函数输入数据,使 a=3,b=7,x=8.5,y=71.82,c1='B',c2='b',请问在键盘上该如何输入?

(3) 从键盘上输入一个不大于 15 的整数,分别输出其对应的八进制数和十六进制数。

(4) 求圆的表面积和圆球的体积。要求用 scanf()函数输入圆的半径,然后输出计算结

果,输出时要求有文字说明,结果取小数点后两位数字。

(5) 输入一个华氏温度,要求输出摄氏温度。公式为 c=5(F-32)/9,输出要求有文字说明,取两位小数。

(6) 已知三角形的三边长,求其面积。

提示:假设输入的三边能构成三角形,三角形的面积公式为:

$$Area=\sqrt{s(s-a)(s-b)(s-c)}$$

其中,s=(a+b+c)/2。

习题二 选择结构

1. 单项选择题

(1) 假定所有变量均已正确定义,下列程序段运行后 y 的值是(　　)。

```
int a=0,  y=10;
if(a=0) y--;else if(a>0) y++;  else  y+=y;
```

A. 20　　B. 11　　C. 9　　D. 0

(2) 假定所有变量均已正确定义,下列程序段运行后 x 的值是(　　)。

```
a=b=c=0,x=35;
if(!a) x--; else if(b);if(c)  x=3;else x=4;
```

A. 34　　B. 4　　C. 35　　D. 3

(3) 下面的程序片段所表示的数学函数关系是(　　)。

```
y=-1;
if(x!=0)if(x>0)  y=1;  else y=0;
```

A. $y=\begin{cases}-1, & x<0\\ 0, & x=0\\ 1, & x>0\end{cases}$　　B. $y=\begin{cases}1, & x<0\\ -1, & x=0\\ 0, & x>0\end{cases}$

C. $y=\begin{cases}0, & x<0\\ -1, & x=0\\ 1, & x>0\end{cases}$　　D. $y=\begin{cases}-1, & x<0\\ 1, & x=0\\ 0, & x>0\end{cases}$

(4) 下列各语句序列中,仅输出整型变量 a、b 中最大值的是(　　)。

A. if(a>b) printf("%d\n",a); printf("%d\n",b);

B. printf("%d\n",b); if(a>b) printf("%d\n",a);

C. if(a>b) printf("%d\n",a); else printf("%d\n",b);

D. if(a<b) printf("%d\n",a); printf("%d\n",b);

(5) 下列各语句序列中,能够将变量 u、s 中最大值赋值到变量 t 中的是(　　)。

A. if(u>s)t=u; t=s;　　B. t=s; if(u>s)t=u;

C. if(u>s)t=s; else t=u;　　D. t=u; if(u>s)t=s;

(6) 下列各语句中,能够输出整型变量 a、b 中最大值的是(　　)。

A. printf("%d\n",(a>b)?a,b);

B. (a>b)? printf("%d",a);:printf("%d",b);

C. printf("%d",if(a>b)a else b);

D. printf("%d\n",(a>b)?a:b);

(7) 下列语句应将小写字母转换为大写字母,其中正确的是(　　)。

A. if(ch>='a'&ch<='z') ch=ch-32;

B. if(ch>='a'&&ch<='z')ch=ch-32;

C. ch=(ch>='a'&&ch<='z')?ch-32:'';

D. ch=(ch>'a'&&ch<'z')?ch-32:ch;

2. 填空题

(1) 若有定义语句 int a=25,b=14,c=19; 以下语句的执行结果是________。

```
if(a++<=25 && b--<=2 && c++)  printf("a=%d, b=%d, c=%d\n", a, b, c);
else printf("%d,%d,%d\n", a, b, c);
```

(2) 将以下两条 if 语句合并成一条 if 语句。

```
if(a<=b) x=1; else y=2;
if(a>b) printf("***y=%d\n",y);
else prinft("***x=%d\n",x);
```

(3) 下列程序的功能是输入一个正整数,判断是否能被 3 或 7 整除。若能整除,输出 YES;若不能整除,输出 NO。请为程序填空。

```
int main()
{
    int k;
    scanf ("%d", &k);
    if(____) printf("YES\n");
    else printf ("NO\n");
    }
    return 0;
}
```

3. 程序分析题

(1) 阅读程序,写出程序的运行结果。

```
int main ()
{   int a=10, b=4, c=3;
    if(a<b)  a=b;
    if(a<c)  a=c;
    printf("%d, %d, %d\n", a, b, c);
    return 0;
}
```

(2) 阅读程序,写出程序的运行结果。

```
#include <stdio.h>
int main ()
{   int x=100, a=10, b=20, ok1=5, ok2=0;
    if(a<b)  if(b!=15)  if(!ok1)  x=1;
    else if(ok2) x=10;
        else x=-1;
    printf("%d\n", x);
    return 0;
}
```

(3) 写出下列程序段输出结果。

```
int k,a=1,b=2;
k=(a++==b) ? 2:3;  printf("%d",k);
```

(4) 阅读程序段写出运行结果。

A.

```
int a=1,s=0;
switch(a) {
    case 1: s+=1;
    case 2: s+=2;
    default: s+=3;
} printf("%d",s);
```

B.

```
int a=1,s=0;
switch(a) {
    case 2: s+=2;
    case 1: s+=1;
    default: s+=3;
} printf("%d",s);
```

C.

```
int a=1,s=0;
switch(a) {
    default : s+=3;
    case 2: s+=2;
    case 1: s+=1;
} printf("%d",s);
```

D.

```
int a=1,s=0;
switch(a) {
    case 1: s+=1; break;
    case 2: s+=2; break;
    default: s+=3;
} printf("%d",s);
```

E.

```
int a=1,s=0;
switch(a) {
    default : s+=3; break;
    case 2: s+=2; break;
    case 1: s+=1;
} printf("%d",s);
```

4. 程序设计题

(1) 编写一个程序,输入 x 的值,按下列公式计算并输出 y 值。

$$y=\begin{cases}x, & x\leqslant 1\\ 2x-1, & 1<x<10\\ 3x-11, & 10\leqslant x\end{cases}$$

(2) 编写一个程序,输入 3 个单精度实数,输出其中最小数。

习题三　循环结构

1. 单项选择题

(1) int a=1,x=1; 循环语句 while(a<10) x++; a++; 执行(　　)循环。

A. 无限次　　B. 不确定次　　C. 10次　　D. 9次

(2) 下列语句中,错误的是(　　)。

A. while(x=y) 5;　　B. do x++ while(x==10);

C. while(0);　　D. do 2;while(a==b);

(3) 循环语句 for(x=0,y=0;(y!=123)||(x<4); x++);执行(　　)循环。

A. 无限次　　B. 不确定次　　C. 4次　　D. 3次

(4) 循环语句 for(i=0,x=1; i=10 && x>0; i++); 执行(　　)循环。

A. 无限次　　B. 不确定次　　C. 10次　　D. 9次

(5) i、j 已定义为 int 类型,则以下程序段中内循环体的执行次数是(　　)。

```
for(i=5;i;i--)
  for(j=0;j<4;j++){…}
```

A. 20　　B. 24　　C. 25　　D. 30

(6) 在C语言的 while 语句中,用于条件的表达式是(　　)。

A. 关系表达式　　B. 逻辑表达式　　C. 算术表达式　　D. 任意表达式

(7) while 循环,执行次数是(　　)。

```
i=4;  while(--i) printf("%d",i);
```

A. 3　　B. 4　　C. 0　　D. 无数次

(8) 下列程序段执行后 s 的值为(　　)。

```
int i=1, s=0;  while(i++)  if(!(i%3)) break;  else s+=i;
```

A. 2　　B. 3　　C. 6　　D. 以上均不是

(9) 下列程序输出结果是(　　)。

```
#include <stdio.h>
int main()
{   int x=3, y=6, z=0;
    while(x++!=(y-=1)){ z++;  if(y<x) break; }
    printf("x=%d,y=%d,z=%d",x,y,z);
    return 0;
}
```

A. x=4,y=4,z=1　　B. x=5,y=4,z=3

C. x=5,y=4,z=1　　D. x=5,y=5,z=1

(10)

```
int i=1,s=0;
while (i<100) {s+=i++;if (i>100) break;}
```

执行以上程序段后,s 的值是(　　)。

A. 1到101的和　　B. 1到100的和

C. 1到99的和　　D. 以上均不是

(11) 假定 i 和 j 为 int 型变量,则执行以下语句后 i 的值为 (　　)。

```
int i=1,j;
switch (i++)
{
    case 1:  for (j=0;j<9;j++)  if (i==1) break;
    case 2:  for (j=1;j<10;j++)  if (i==2) break;
    case 3:  printf ("i=%d\n",i );
}
```

A. 0　　　　B. 2　　　　C. 9　　　　D. 10

(12) 假定 a 和 b 为 int 型变量,则执行以下语句后 b 的值为(　　)。

```
a=1;b=10;
do { b-=a;a++;}
while (b--<0);
```

A. 9　　　　B. −2　　　　C. −1　　　　D. 8

(13) 设 x 和 y 均为 int 型变量,则执行下面的循环后,y 的值为(　　)。

```
for (y=1,x=1;y<=50;y++)
  {
      if (x>=10 ) break;
      if (x%2==1) {x+=5;continue;}
      x-=3;
  }
```

A. 2　　　　B. 4　　　　C. 6　　　　D. 8

(14) 求整数 1 至 10 的和并存入变量 s,下列语句中错误的是(　　)。

A. s=0;for(i=1;i<=10;i++) s+=i;

B. s=0;i=1;for(;i<=10;i++) s=s+i;

C. for(i=1,s=0;i<=10;s+=i,i=i+1);

D. for(i=1;s=0;i<=10;i++) s=s+i;

(15) 若 sizeof(int)为 2,计算 1 至 10 的乘积,下列语句序列中正确的是(　　)。

A. int jc=1; for(int i=2;i<=10;i++) jc *=i;

B. for(float jc=1,int i=2;i<=10;i++,jc *=i);

C. float jc=1; for(int i=2;i<=10;jc *=i,i=i+1);

D. for(float jc=1;i=2;i<=10;i++) jc *=i;

(16) 下列语句中,(　　)可以输出 26 个大写英文字母。

A. for(a='A';a<='Z';printf("%c",++a));

B. for(a='A';a<'Z';a++)printf("%c",a);

C. for(a='A';a<='Z';printf("%c",a++));

D. for(a='A';a<'Z';printf("%c",++a));

(17) 下列循环语句执行完后,a 为(　　)。

```
for(a=1; a<5; a++)
    a=2*a;
```

A. 7　　B. 8　　C. 5　　D. 4

(18) 下列语句中，与语句 while(1){if(i>=100)break;s+=i;i++;} 功能相同的是(　　)。

A. for(;i<100;i++) s=s+i;　　B. for(;i<100;i++;s=s+i);

C. for(;i<=100;i++) s+=i;　　D. for(;i>=100;i++;s=s+i);

(19) 在C语言中，下列说法中正确的是(　　)。

A. 不能使用"do语句 while(条件)"的循环

B. "do语句 while(条件)"的循环必须使用break语句退出循环

C. "do语句 while(条件)"的循环中，当条件为非0时将结束循环

D. "do语句 while(条件)"的循环中，当条件为0时将结束循环

(20) 在C语言的语句中，用来决定分支流程的表达式(　　)。

A. 可用任意表达式　　B. 只能用逻辑表达式或关系表达式

C. 只能用逻辑表达式　　D. 只能用关系表达式

2. 填空题

(1) while循环也叫________循环。

(2) 当循环体中的switch语句内有break语句，则只跳出____①____语句。同样，当switch语句中有循环语句，内有break语句，则只跳出____②____语句。

(3) 循环体中的continue语句是________。

(4) 若int k=10,循环语句 while (k=0) k=k-1; 执行________次。

(5) 若 int k=2,循环语句 while (k!=0) { printf("%d",k); k--; } 执行________次。

(6) 若int i=10,s=0;,执行语句 while(s+=i--,--i);后s、i值分别为________。

(7) 程序段 int s,i; for(i=1;i<=100;s+=i,i++); 能否计算1~100的和？____①____，原因是____②____。

(8) 若int类型变量字长为2,程序段 int jc=1; for(int i=2;i<10;i++)jc*=i; 能否计算10的阶乘？____①____原因是____②____。

(9) 设i、j、k均为int型变量，则执行完下面的for循环语句后，k的值为________。

```
for(i=0,j=10; i<=j; i++,j--)  k=i+j;
```

(10) 下列程序的功能是输入一个正整数，判断是否是素数。若为素数输出1，否则输出0，请为程序填空。

```
#include <stdio.h>
int main()
{   int i, x, y=1;
    scanf("%d", &x);
    for(i=2; i<=x/2; i++)
        if(____) { y=0; break; }
    printf("%d\n",y);
    return 0;
}
```

(11) 输入两个整数,输出它们的最小公倍数和最大公约数。

```
#include <stdio.h>
int main()
{   int m,n,gbs,gys;
    scanf(___①___);
    for(gbs=m; ___②___; gbs=gbs+m);
    gys=___③___;
    ___④___;
    return 0;
}
```

(12) 输入 N 个实数,输出其中的最大值、最小值。

```
#include <stdio.h>
int main()
{   float no1,nox,max,min; ___①___
    scanf("%d",&n); scanf("%f",&no1);
    max=no1; ___②___
    for(i=2;i<=n;i++)
    {   scanf("%f", ___③___);
        if(nox>max) max=nox;
        if(nox<min) ___④___
    }
    printf("MAX=%f  MIN=%f\n",max,min);
    return 0;
}
```

(13) 输入若干字符,分别统计数字字符的个数、英文字母的个数。当输入换行符时输出统计结果,运行结束。

```
#include <stdio.h>
int main()
{   char ch; ___①___
    while((___②___)!='\n')
    {
        if(ch>='0'&&ch<='9') s1++;
        if(ch>='a'&&ch<='z' || ___③___) s2++;
    }
    ___④___
    return 0;
}
```

(14) 输入 m,求 n 使 n!<=m<=(n+1)!,例如输入 726,应输出 n=6。

```
___①___
int main()
{   int ___②___;
```

```
    scanf(  ③  );
    for(n=2;jc<=m;n++) jc=jc*n;
    printf("n=%d\n",  ④  );
    return 0;
}
```

(15) 下列程序计算并输出方程 $X^2+Y^2+Z^2=1989$ 的所有整数解。

```
#include <stdio.h>
int main()
{     ①
    for(i=-45;i<=45;i++)
        for(  ②  ))
            for(k=-45;k<=45;k++)
                if(  ③  )
                    printf(  ④  , i,j,k);
    return 0;
}
```

3. 程序分析题

(1) 阅读程序,写出程序的运行结果。

```
#include <stdio.h>
int main()
{   int y=9;
    for(; y>0; y--)
        if(y%3==0)  { printf("%3d",--y);  continue;}
    return 0;
}
```

(2) 阅读程序,写出程序的运行结果。

```
#include <stdio.h>
int main()
{   int i=5;
    do {
        switch (i%2)
        {
            case  4: i--; break;
            case  6: i--; continue;
        }
        i--;  i--;
        printf("i=%3d", i);
    } while(i>0);
    return 0;
}
```

(3) 阅读程序，写出程序的运行结果。

```
#include <stdio.h>
int main()
{   int k=0; char c='A';
        do {
            switch (c++) {
               case 'A': k++; break;
               case 'B': k--;
               case 'C': k+=2; break;
               case 'D': k=k%2; break;
               case 'E': k=k*10; break;
               default: k=k/3;
            }
            k++;
        } while(c<'G');
        printf("k=%d\n", k);
    return 0;
}
```

(4) 阅读程序，当输入为 ab*AB%cd#CD$ 时，写出程序的运行结果。

```
#include <stdio.h>
int main ()
{   char c;
    while( (c=getchar())!='$ ')
    {   if('A'<=c && c<'Z')  putchar(c);
        else if('a'<=c && c<='z')  putchar(c-32);
    }
    return 0;
}
```

(5) 阅读程序，输入数据：2,4，写出程序的运行结果。

```
#include <stdio.h>
int main()
{   int s=1,t=1,a,n,i;
    scanf("%d,%d",&a,&n);
    for(i=1;i<n;i++)
    {
        t=t*10+1;
        s=s+t;
    }
    s*=a;  printf("SUM=%d\n",s);
    return 0;
}
```

(6) 阅读程序,写出程序的运行结果。

```
#include <stdio.h>
int main()
{   int i,j,n;
    for(i=0;i<4;i++)
    {
        for(j=1;j<=i;j++) printf(" ");
            n=7-2*i;
        for(j=1;j<=n;j++) printf("%d",n);
        printf("\n");
    }
    return 0;
}
```

4. 程序设计题

(1) 编一个程序,求出所有各位数字的立方和等于1099的3位整数。

(2) 编一个程序,求斐波那契(Fibonacci)序列:1,1,2,3,5,8,…。请输出前20项。序列满足关系式:

$$F_n = F_{n-1} + F_{n-2}$$

(3) 编一个程序,利用格里高利公式求π值。π/4=1−1/3+1/5−1/7+…。精度要求最后一项的绝对值小于10^{-5}。

(4) 编一个程序,求 s=1!+2!+3!+…+n!(n由输入决定)。

(5) 编程序按下列公式计算e的值(精度为10^{-6})。

$$e = 1 + 1/1! + 1/2! + 1/3! + \cdots + 1/n!$$

(6) 编程序按下列公式计算y的值(精度为10^{-6})。

$$y = \sum_{r=1}^{n} \frac{1}{r(r+1)}$$

(7) 编一个程序显示ASCII代码0x20～0x6f的十进制数值及其对应字符。

(8) 输出6～10000的亲密数对。说明:若(a,b)是亲密数对,则a的因子和等于b,b的因子和等于a,且a不等于b。如(220,284)是一对亲密数对。

(9) 用辗转相除法对数入的两个正整数m和n求其最大公约数和最小公倍数。

提示:辗转相除法算法如下。

① 将两数备份a、b。

② 将两数中大的那个数放在m中,小的数放在n中。

③ 求出m被n除后的余数r。

④ 若余数r为0,则执行步骤⑦;否则执行步骤⑤。

⑤ 把除数(n中的)作为新的被除数(放m中),把余数(r中的)作为新的除数(放n中)。

⑥ 重复步骤③④直到r为0。

⑦ 输出n即为最大公约数。

⑧ 原数(在备份a、b中)相乘除最大公约数即为最小公倍数。

(10) 求 $S_n = a + aa + aaa + \cdots + aa\cdots a$ 之值，其中 a 代表 1～9 的一个数字。例如，a 代表 2，则求 2＋22＋222＋2222＋22222(此时 n＝5)，a 和 n 由键盘输入。

(11) 若一个 3 位整数的各位数字的立方之和等于这个整数，则称为"水仙花数"。例如，153 是水仙花数，因为 $153 = 1^3 + 5^3 + 3^3$，求所有的水仙花数。

(12) 从键盘输入一个正整数 n，计算该数的各位数之和并输出。例如，输入数是 5246，则计算：5＋2＋4＋6＝17 并输出。

(13) 猴子吃桃子问题。猴子第一天摘下若干桃子，当即吃了一半，还不过瘾，又多吃了一个。第二天早上又将剩下的桃子吃棹一半，又多吃了一个。以后每天早上都吃了昨天的一半零一个。到第 10 天早上一看，只剩下一个桃子了。求第一天共摘下多少个桃子。

(14) 计算并输出方程 $X^2 + Y^2 = 1989$ 的所有整数解。

(15) 找出 1000 以内的所有完数，并输出其因子。

提示：一个数如恰好等于它的因子之和，这个数称为完数，如 6＝1＋2＋3。

(16) 输入一个正整数，输出它的所有质数因子。

习题四　数　组

1. 单项选择题

(1) 若有以下数组说明，则数值最小的和最大的元素下标分别是(　　)。

```
int a[12]={1,2,3,4,5,6,7,8,9,10,11,12};
```

A. 1,12　　B. 0,11　　C. 1,11　　D. 0,12

(2) 合法的数组定义是(　　)。

A. int a[3][ ]={0,1,2,3,4,5};　　B. int a[ ][3]={0,1,2,3,4};

C. int a[2][3]={0,1,2,3,4,5,6};　　D. int a[2][3]={0,1,2,3,4,5,};

(3) 合法的数组定义是(　　)。

A. char a[ ]="string";　　B. int a[5]={0,1,2,3,4,5};

C. char a="string";　　D. char a[ ]={0,1,2,3,4,5}

(4) 若有以下说明，则数值为 4 的表达式是(　　)。

```
int a[12]={1,2,3,4,5,6,7,8,9,10,11,12};    char c='a', d, g;
```

A. a[g－c]　　B. a[4]

C. a['d'－'c']　　D. a['d'－c]　(即 a['d'－'a'])

(5) 设有定义：char s[12]＝"string";，则 printf("%d\n",strlen(s));的输出是(　　)。

A. 6　　B. 7　　C. 11　　D. 12

(6) 设有定义：char s[12]＝"string"; 则 printf("%d\n",sizeof(s)); 的输出是(　　)。

A. 6　　B. 7　　C. 11　　D. 12

(7) 下列语句中，正确的是(　　)。

A. char a[3][ ]={'abc','1'};　　B. char a[ ][3]={'abc','1'};

C. char a[3][ ]={'a',"1"};　　D. char a[ ][3]={"a","1"};

(8) 下列定义的字符数组中,输出 printf("%s\n",str[2]);的输出是(　　)。

```
static char str[3][20]={ "java", "python", "windows "};
```

A. java　　B. python　　C. windows　　D. 输出语句出错

(9) 下列各语句定义了数组,其中(　　)是不正确的。

A. char a[3][10]={"China","American","Asia"};

B. int x[2][2]={1,2,3,4};

C. float x[2][ ]={1,2,4,6,8,10};

D. int m[][3]={1,2,3,4,5,6};

(10) 有字符数组定义如下,则合法的函数调用是(　　)。

```
char a[]="I am a student",b[]="teacher ";
```

A. strcmp(a,b);　　B. strcpy(a,b[0]);

C. strcpy(a[7],b);　　D. strcat(a[7],b);

(11) 数组定义为 int a[3][2]={1,2,3,4,5,6},值为 6 的数组元素是(　　)。

A. a[3][2]　　B. a[2][1]　　C. a[1][2]　　D. a[2][3]

(12) 语句 printf("%d\n",strlen("ats\no12\1\\"));的输出结果是(　　)。

A. 11　　B. 10　　C. 9　　D. 8

(13) 函数调用 strcat(strcpy (str1,str2),str3); 的功能是(　　)。

A. 将字符串 str1 复制到字符串 str2 中后,再连接到字符串 str3 之后

B. 将字符串 str1 连接到字符串 str2 之后,再复制到字符串 str3 之后

C. 将字符串 str2 复制到字符串 str1 中后,再将字符串 str3 连接到字符串 str1 之后

D. 将字符串 str2 连接到字符串 str1 之后,再将字符串 str1 复制到字符串 str3 中

(14) 有字符数组定义如下,则不能比较 a,b 两个字符串大小的表达式是(　　)。

```
char a[ ]="abcdefg", b[ ]="abcdefh";
```

A. strcmp(a,b)==0　　B. strcmp(a,b)>0

C. strcmp(a,b)<0　　D. a<b

(15) 设有如下定义,则正确的叙述为(　　)。

```
char  x[ ]="abcdefg ";
char  y[ ]={'a','b','c','d','e','f','g'};
```

A. 数组 x 和数组 y 等价　　B. 数组 x 和数组 y 长度相同

C. 数组 x 的长度大于数组 y 的长度　　D. 数组 x 的长度小于数组 y 的长度

(16) 设有二维数组定义如下,则不正确的元素引用是(　　)。

```
int a[3][4]={1,2,3,4,5,6,7,8,9,10,11,12};
```

A. a[2][3]　　B. a[a[0][0]][1]　　C. a[7]　　D. a[2]['c'-'a']

2. 填空题

(1) C 语言中,数组的各元素必须具有相同的___①___,元素的下标下限为___②___,但在程序执行过程中,不检查元素下标是否___③___。下标必须是正整数、0、或者___④___。

(2) C 语言中,数组在内存中占一片___①___的存储区,由___②___代表它的首地址。数组名是一个___③___常量,不能对它进行加、减和赋值运算。

(3) 执行 static int b[5],a[ ][3]={1,2,3,4,5,6}; 后,b[4]=___①___,a[1][2]=___②___。

(4) 设有定义语句 static int a[3][4]={{1},{2},{3}}; 则 a[1][0]值为___①___ a[1][1]值为___②___,a[2][1]的值为___③___。

(5) 设有定义语句 static char a[10]="abcd"; 则 a[3]值为___①___,a[5]值为___②___。

(6) char a[3][10]; a[0]="windows"; scanf("%s",________); gets(a[2]);。

(7) 如定义语句为 char a[ ]="windows",b[ ]="10";,语句 printf("%s",strcat(a,b));的输出结果为________。

(8) 定义语句为 char a[15],b[ ]="wustcs";,则语句 printf("%s",strcpy(a,b));的输出结果为________。

(9) 定义语句为 char a[ ]="Box",b[ ]="Boss",语句 printf("%d",strcmp(a,b));输出________。

(10) 定义语句为 char a[10]="student";语句 printf("%d",strlen(a));的输出结果为________。

(11) 若在程序中用到 putchar()函数时,应在程序开头写上包含命令________,若在程序中用到 strlen()函数时,就在程序开头写上包含命令________。

(12) 输入 20 个数,输出它们的平均值以及与平均值之差的绝对值为最小的数组元素。

```
#include <stdio.h>
  ①
int main()
{   float a[20],pjz=0,s,t; int i;
    for(i=0;i<20;i++)   ②
    for(i=0;i<20;i++) pjz+=a[i];
      ③              //求平均值
    s=fabs(a[0]-pjz);
    for(i=1;i<20;i++)
        if(fabs(a[i]-pjz)<s)
        {
            s=fabs(a[i]-pjz); t=a[i];
        }
      ④
    return 0;
}
```

(13) 以下程序以每行 10 个数据的形式输出数组 a,请填空。

```
#include <stdio.h>
int main()
{   int a[50],i;
    printf( "输入 50 个整数: ");
    for(i=0; i<50; i++)  scanf("%d", ___①___);
    for(i=1; i<=50; i++)
    {   if(___②___)  printf( "%3d\n", ___③___);
        printf("%3d",a[i-1]);
    }
    return 0;
}
```

(14) 下面程序的功能是输出数组 s 中最大元素的下标,请填空。

```
#include <stdio.h>
int main()
{   int k, p;
    int s[ ]={1,-9,7,2,-10,3};
    for(p=0,k=p; p<6; p++)  if(s[p]>s[k]) _______;
    printf("%d\n", k);
    return 0;
}
```

(15) 下面程序在数组 a 中查找与 x 值相同的元素所在位置,数据从 a[1]元素开始存放,请填空。

```
#include <stdio.h>
int main()
{   int a[11], i, x;
    printf("输入 10 个整数: ");
    for(i=1; i<=10; i++)   scanf("%d ",&a[i]);
    printf( "输入要找的数 x: ");  scanf( "%d", ___①___ );
    a[0]=x;  i=10;
    while(x != ___②___ ) ___③___;
    if(___④___)  printf( "与 x 值相同的元素位置是: %d\n ", i );
    else  printf("找不到与 x 值相同的元素!\n ");
    return 0;
}
```

(16) 下面程序的功能是将一个字符串 str 的内容颠倒过来,请填空。

```
#include <stdio.h>
#include <string.h>
int main()
{   int i, j, ___①___ ;                              //int 型 k 可当 char 型用
    char  str[ ]="1234567";
```

```
    for(i=0,j=strlen(str)-1; ____②____;i++,j--)      //头尾交换,直到中间
    { k=str[i];  str[i]=str[j];  str[j]=k; }
    printf("%s",str);
    return 0;
}
```

(17) 以下程序给偶数行的方阵中所有边上的元素和两对角线上的元素置1,其他元素置0。要求对每个元素只置一次值。最后按矩阵形式输出,请填空。

```
#include <stdio.h>
int main()
{   int a[10][10],i,j;
    for(i=0; i<10; i++)
    { a[ i ][i]=1;  a[i][____①____]=1;}        //两对角线上的元素置1
    for(i=1; i<9; i++)   a[0] [____②____]=1;
    for(i=1; i<9; i++)   a[____③____] [i]=1;
    for(i=1; i<9; i++)   a[i] [____④____]=1;
    for(i=1; i<9; i++)   a[____⑤____] [9]=1;
    for(i=1; i<9; i++)
        for(j=1; j<9; j++)
            if (____⑥____)  a[i][j]=0;
    for(i=0; i<10; i++)
    { for(j=0; j<10; j++) printf("%2d", a[i][j]);
    ____⑦____
    }
    return 0;
}
```

(18) 从键盘输入一串字符,下面程序能统计输入字符中各个大写字母的个数。用#号结束输入,请填空。

'A'-65 'B'-65

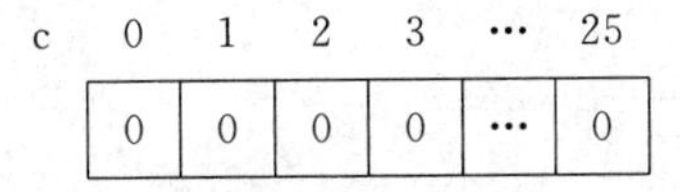

c	0	1	2	3	…	25
	0	0	0	0	…	0

该程序利用了字符的 ASCII 码和整数的对应方法,数组 c 的下标为 0 到 25,当输入为 ca='A'则 ca-65=0,c[0]的值加 1,以此类推。而输出时 c[i]的下标 i+65 正好又是相应的字母。

```
#include  <stdio.h>
int main()
{   int  c[26],i;  char ca;
    for(i=0; i<26; i++)   c[i]=____①____;
    scanf("%c",&ca);
    while(ca!='#')
    {  if ((ca>='A')&&(ca<='Z'))   c[ca-65]+=____②____;  }
```

```
    for(i=0; i<26; i++)
        if(c[i])  printf("%c : %d 个\n ", i+___③___, c[i]);
    return 0;
}
```

(19) 以下程序可把输入的十进制长整型数以十六进制数的形式输出，请填空。

c[i]中放除16后的余数，把c[i]中的余数作b下标，取相应的字符。例如，n=254。

n%16　余　14　n=n/16　n=15

n%16　余　15　n=n/16　n=0

b	0	1	2	3	4	5	6	7	8	9	10	11	12	13	14	15	16
	0	1	2	3	4	5	6	7	8	9	A	B	C	D	E	F	\0

c	0	1	2	3	…	63
	14	15			…	

D=c[1]=15　取　b[15]=F

D=c[0]=14　取　b[14]=E

结果输出FE。

```
int main()
{   char b[17]="012345678889ABCDEF";
    int c[64], d, i=0, base=16;
    long n;
    printf("Enter a number:\n");
    scanf ("%ld ",&n);
    do{   c[i]=___①___;
    i++;   n=n/base;}
    while (n!=0);
    printf("Transmite new base:\n ");
    for(--i; i>=0; --i)
    {
        d=c[i];
        printf( "%c ", ___②___);
    }
    return 0;
}
```

3. 程序分析题

(1) 阅读程序，分析程序的功能。

```
#include <stdio.h>
#include <string.h>
int main()
{   char s[80];      int i;
```

```
    for(i=0; i<80; i++)
    {
        s[i]=getchar();
        if(s[i]=='\n') break;
    }
    s[i]='\0';  i=0;
    while(s[i])  putchar(s[i++]);
    putchar('\n');
    return 0;
}
```

(2) 阅读程序,分析程序的功能。

```
#include <stdio.h>
#include <string.h>
int main()
{   char str[10][80], c[80];
    int i;
    for(i=0; i<10; i++)
    gets(str[i]);
    strcpy(c, str[0]);
    for(i=1; i<10; i++)
       if(strlen(c) <strlen(str[i]))  strcpy(c,str[i]);
    printf("%s\n", c);
    printf("%d\n", strlen (c));
    return 0;
}
```

(3) 说明下列程序的功能。

```
#include <stdio.h>
#include <string.h>
int main()
{   char a[10][80], c[80];
    int i, j, k;
    for(i=0; i<10; i++)
        gets(a[i]);
    for(i=0; i<9; i++)
    {
        k=i;
        for(j=i+1; j<10; j++)
            if(strcmp (a [j], a[k])<0)  k=j;
        if(k!=i )
        { strcpy(c,a[i]);  strcpy(a[i], a[k]);  strcpy(a[k],c); }
    }
    for(i=0; i<10; i++)
        puts (a[i]);
    return 0;
}
```

(4) 阅读程序,写出程序的运行结果。

```
#include <stdio.h>
int main()
{   static int a[ ][3]={9,7,5,3,1,2,4,6,8};
    int i, j, s1=0, s2=0;
    for(i=0; i<3; i++)
        for(j=0; j<3; j++)
        {  if(i==j )   s1=s1+a[i][j];
           if(i+j==2)  s2=s2+a[i][j];
        }
    printf("%d\n%d\n ", s1, s2);
    return 0;
}
```

(5) 阅读程序,写出程序的运行结果。

```
#include <stdio.h>
int main()
{   int a[6]={12,4,17,25,27,16},b[6]={27,13,4,25,23,16},i,j;
    for(i=0;i<6;i++) {
        for(j=0;j<6;j++) if(a[i]==b[j])break;
        if(j<6) printf("%d ",a[i]);
    }
    printf("\n");
    return 0;
}
```

(6) 阅读程序,写出程序的运行结果。

```
#include <stdio.h>
int main()
{   char a[8],temp; int j,k;
    for(j=0;j<7;j++) a[j]='a'+j;  a[7]='\0';
    for(j=0;j<3;j++)
    {
        temp=a[6];
        for(k=6;k>0;k--) a[k]=a[k-1];
        a[0]=temp;
        printf("%s\n",a);
    }
    return 0;
}
```

(7) 阅读程序,写出程序的运行结果。

```
#include <stdio.h>
#include <string.h>
int main()
{   char str1[ ]="*******";
    int i;
```

```
    for(i=0;i<4;i++)
    {   printf("%s\n",str1);
        str1[i]=' ';
        str1[strlen(str1)-1]='\0';
    }
    return 0;
}
```

(8) 阅读程序,写出程序的运行结果。

```
#include <stdio.h>
int main()
{   int a[8]={1,0,1,0,1,0,1,0},i;
    for(i=2;i<8;i++) a[i]+=a[i-1]+a[i-2];
    for(i=0;i<8;i++) printf("%d ",a[i]);
    printf("\n");
    return 0;
}
```

(9) 输入 3<回车>后,下列程序的输出结果。

```
#include <stdio.h>
int main()
{   int j, k, n, temp, sum=0, a[6][6];
    scanf("%d", &n);
    for( k=0; k<n; k++)
        for(j=0; j<n; j++)
            a[k][j]=k*n+j;
    for(k=0;k<n;k++)
        sum+=a[k][n-k-1];
    printf("%d\t", sum);
    for(k=0;k<n;k++)
        for(j=0;j<n/2;j++)
        {
            temp=a[n-j-1][k];
            a[n-j-1][k]=a[k][j];
            a[k][j]=temp;
        }
    for(k=0;k<n;k++)
    {
        for(j=0;j<n;j++)
            printf("%d, ",a[k][j]);
    }
    return 0;
}
```

(10) 阅读程序,分析下列程序的功能。

```
#include <stdio.h>
int main()
```

```
{  int i, j;
   float a[3][3], b[3][3], x;
   for(i=0; i<3; i++)
       for(j=0; j<3; j++)
       { scanf("%f", &x);  a[i][j]=x; }
   for(i=0; i<3; i++)
       for(j=0; j<3; j++) b[j][i]=a[i][j];
   for(i=0; i<3; i++)
   {
       printf("\n ");
       for(j=0; j<3; j++)  printf( "%f ",b[i][j]);
   }
   return 0;
}
```

(11) 阅读程序,写出程序的运行结果。

```
#include <stdio.h>
int main()
{  static char a[ ]={'*','*','*','*','*'};
   int i, j, k;
   for(i=0; i<5; i++)
   {  printf("\n");
      for(j=0; j<i; j++)  printf("%c", ' ');
      for(k=0; k<5; k++)  printf("%c ", a[k]);
   }
   return 0;
}
```

(12) 阅读程序,分析程序的功能。

```
#include <stdio.h>
int main()
{  int i,j;
   float a[3][3], b[3][3], c[3][3];
   for(i=0; i<3; i++)
       for(j=0; j<3; j++)
           scanf("%f ",&a[i][j]);
   for(i=0; i<3; i++)
       for(j=0; j<3; j++)
           scanf("%f", &b[i][j]);
   for(i=0; i<3; i++)
       for(j=0; j<3; j++)
           c[i][j]=a[i][j]+b[i][j];
   for(i=0; i<3; i++)
   {  printf("\n");
      for(j=0; j<3; j++)
```

```
            printf( "%f ", c[i][j]);
        }
    return 0;
}
```

(13) 阅读程序,写出程序的运行结果。

```
#include <stdio.h>
int main()
{   char str[]="SSSWILTECH1\1\11W\1WALLMP1";        //1 及\1 里的 1 是数字 1,不是英文 l
    int k; char c;
    for(k=2;(c=str[k])!='\0'; k++){
        switch(c){
        case  'A': putchar('a'); continue;
            case  '1':  break;
            case   1 :  while((c=str[++k])!='\1' && c!='\0');
            case   9 :  putchar('#');
            case  'E' :
            case  'L' : continue;
            default: putchar(c); continue;
        }
          putchar('*');
    }
    printf( "\n");
    return 0;
}
```

4. 程序设计题

(1) 编写一个程序,其功能为:输入单精度型一维数组 a[10],计算并输出数组 a 中所有元素的平均值。

(2) 编写一个程序,其功能为:输入 10 个整数存入一维数组,再按逆序重新存放后再输出。

(3) 编写一个程序,其功能为:输出字符串的有效长度,并输出该字符串。

(4) 编写一个程序,其功能为:输入两个字符串(小于 40 个字符),连接后输出(不得使用系统函数)。

(5) 编写一个程序,其功能为:输入一个 3×5 的整数矩阵,输出其中最大值、最小值和它们的下标。

(6) 编写一个程序,其功能为:输入一个字符串,将其中的所有大写字母改为小写字母,而所有小写字母全部改为大写字母,然后输出。

(7) 某班 50 名学生的 3 科课程成绩表如下:

课程一　　　　课程二　　　　课程三
　⋮　　　　　　⋮…　　　　　　⋮

试编写一个程序,使之输入这 50 名学生的 3 科课程成绩,计算并输入每科课程成绩的平均分。

(8) 编写一个程序,其功能为:输入一个整型数据,输出每位数字,其间用逗号分隔。例如,输入整数为2345,则输出应为2,3,4,5。

(9) 编写一个程序,其功能为:找出一个二维数组中的鞍点,即该位置上的元素在该行上最大,在该列上最小,也可能没有鞍点。

(10) 编写一个程序,其功能为:输入一个字符串,将其中所有的大写英文字母+3,小写英文字母-3。然后再输出加密后的字符串。

(11) 编写一个程序,其功能为:将按第(9)题中加密的字符串(从键盘输入)解密后输出。

(12) 编写一个程序,其功能为:有15个整数按由大到小的顺序放在一个数组中,输入一个整数,要求用折半查找法找出该数是数组中第几个元素的值。如果该数不在数组中,则打印"不在数组中"。

(13) 编写一个程序,其功能为:有3行每行80个字符。要求分别统计出其中英文大写字母、小写字母、数字、空格以及其他字符的个数。

(14) 编写一个程序,其功能为:输入20个整数,输出其中能被数组中其他元素整除的那些数组元素。

(15) 编写一个程序,其功能为:输入两个数组(数组元素个数自定),输出在两个数组中都出现的元素。

(16) 编写一个程序,其功能为:输入两个数组(数组元素个数自定),输出只在其中一个数组中出现的元素。

(17) 编写一个程序,其功能为:将字符数组s2中的全部字符复制到字符数组s1中。

习题五　函　　数

1. 单项选择题

(1) 在C语言程序中,有关函数的定义正确的是(　　)。

A. 函数的定义可以嵌套,但函数的调用不可以嵌套
B. 函数的定义不可以嵌套,但函数的调用可以嵌套
C. 函数的定义和函数的调用均不可以嵌套
D. 函数的定义和函数的调用均可以嵌套

(2) 以下对C语言函数的有关描述中,正确的是(　　)。

A. 在C语言中,传值调用函数时,只能把实参的值传送给形参,形参的值不能传送给实参
B. C语言函数既可以嵌套定义又可以递归调用
C. 函数必须有返回值,否则不能使用函数
D. C语言程序中有调用关系的所有函数,必须放在同一个源程序文件中

(3) 函数调用语句f((e1,e2),(e3,e4,e5));中参数个数是(　　)。

A. 5　　B. 4　　C. 2　　D. 1

(4) C语言中，若对函数类型未加显式说明，则函数的隐含类型为(　　)。

A. void　　B. double　　C. char　　D. int

(5) C语言中变量的隐含存储类型是(　　)。

A. auto　　B. static　　C. extern　　D. 无存储类型

(6) 能把函数处理结果的两个数据返回给main()函数，在下面的方法中不正确的是(　　)。

A. return 这两个数　　B. 形参用两个元素的数组

C. 形参用两个这种数据类型的指针　　D. 用两个全局变量

(7) 有一函数的定义如 void fun(char s[ ]){…}，则不正确的函数调用是(　　)。

A.

```
int main()
{   char s[20] ="abcdefgh";
    fun(s);
    ⋮
}
```

B.

```
int main()
{   char a[20]="abcdefgh";
    fun(&a[0]);
    ⋮
}
```

C.

```
int main()
{   char s[20]="abcdefgh";
    fun(s+0);
    ⋮
}
```

D.

```
int main()
{   char s[20]="abcdefgh";
    fun(s[ ]);
    ⋮
}
```

(8) 以下程序的输出结果是(　　)

```
#include <stdio.h>
void fun(char m[ ][10])
{
   printf("%s\n", *(m+1);
}
int main()
{  char a[3][10]={ "BASIC","FOXPRO","C"};
   fun(a);
   return 0;
}
```

A. BASIC　　B. ASIC　　C. FOXPRO　　D. C

(9) 要求函数的功能是在一维数组a中查找x值；若找到则返回所在的下标值，否则返回0；数放在a[1]到a[n]中，不能正确执行此功能的函数是(　　)。

A.

```
funa(int a[ ], int n, int x)
{ a[0]=x;
  while(a[n]!=x) n--;
  return(n);
}
```

B.

```
funb(int a[ ], int n, int x)
{ int k;
  for(k=1;k< =n; k++)
      if(a[k]==x) return(k);
  return(0);
}
```

C.

```
func(int a[ ], int n, int x)
{ int k;
  a[0]=k; k=n;
  while(a[k]!=x) k=k-1;
  return(k);
}
```

D.

```
fund(int a[ ], int n, int x)
{ int k=0;
  do k++;
  while((k<n+1)&&(a[k]!=x));
  if((k<n+1)&&(a[k]==x))
     return (k);
  else return(0);
}
```

(10) 以下程序的输出结果是(　　)。

```
#include <stdio.h>
void sub1(char a,char b) {char c;c=a;a=b;b=c;}
int main()
{   char a,b;
    a='A'; b='B';
    sub1(a,b);
    putchar(a);
    putchar(b);
    return(0);
}
```

A. AB　　B. BA　　C. AA　　D. BB

(11) 以下程序的输出结果是(　　)。

```
#include <stdio.h>
fun(int a, int b, int c)   {  c=a * b;  }
int main()
{
    int c;
    fun(2,3,c);
    printf("%d\n", c);
    return 0;
}
```

A. 0　　B. 4　　C. 6　　D. 无法确定

(12) 对于以下递归函数 f,调用 f(4),其返回值为(　　)。

```
int f(int n)   {   if(n)  return f(n-1)+n;      else  return n;  }
```

A. 10　　B. 4　　C. 0　　D. 以上均不是

2. 填空题

(1) 变量的作用域主要取决于变量是___①___,变量的生存期既取决于变量是___②___,又取决于变量的___③___。

(2) 从变量的存储类型来说，__①__变量不允许初始化。__②__变量、__③__变量和__④__变量可以初始化。其中变量如果不进行初始化，则__⑤__变量和__⑥__变量的初值不确定，而__⑦__变量初值为0。

(3) 静态型局部变量的作用域是________。

(4) 函数中的形参和调用时的实参都是数组名或指针时，传递方式为__①__，都是简单变量时，传递方式为__②__。

(5) 函数形式参数的作用域为__①__，全局的外部变量和函数体内定义的局部变量重名时__②__变量优先。

(6) 若自定义函数要求返回一个值，则应在该函数体中至少有一条__①__语句，若自定义函数要求不返回值，则该函数的返回类型应为__②__。

(7) 函数的实参为常量时，虚参与实参结合的传递方式为________。

(8) 对下列递归函数，函数调用 f(3)的返回值是________。

```
int f(int n) { return((n==0)?1:f(n-1)+2); }
```

(9) f()函数定义如下，调用 f("1475")的返回值为________。

```
int f(char s[ ])  { int i=0, k=0; while(s[i]) { k+=s[i]-'0';  i++; } return k; }
```

(10) change()函数定义如下，a=10、b=5，执行 change(a,b)后 a、b 的值分别为__①__和__②__。

```
void change(int a,int b) { int t=0; t=a; a=b; b=t;}
```

(11) 已知三角形边长 a、b、c 和 s=(a+b+c)/2，计算其面积的算术表达式为________。

(12) 已知方程 $ax^2+bx+c=0$，系数为 a、b、c 且存在两个实根，计算其中一个实根的算术表达式为________。

(13) p 为本金，r 为 5 年期存款年利率，计算存款 p 元 5 年到期时本金、利息总和的算术表达式为________。

(14) 将数学式 $(x+1)e^{2x}$ 写作算术表达式为________。

(15) f()函数的定义如下，执行 i=f(f(1));后 i 值为________。

```
int f(int x)  {   static int k=0;    x+=k++;    return x;  }
```

(16) 函数 f 的定义如下，执行 i=f(3);后 i 值为________。

```
int f(int x){  return  ((x>0)? f(x-1)+f(x-2):1); }
```

(17) 下列函数将判断字符 c 是否在字符串 s 中出现，请填空。

```
int f(char s[ ], char c)
{  int i;    for( i=0;_______ )  if(c==s[i]) break;
   return(c==s[i]);
}
```

(18) 下列函数将字符串 s 逆序输出，如 f("abcd")，将输出 dcba，请填空。

```
void f( ①  )
{   int i=0;
    while( s[i] ) ②  ;
    for( ③  )  printf("%c", s[i]);
}
```

(19) 下列程序 A 与 B 功能等价，请填空。

程序 A：

```
int f(int n) {  if(n<=1)  return n;    else  return f(n-1)+f(n-2); }
```

程序 B：

```
int f(int n)
{    ①  t0=0, t1=1, t=n;
    while( ② ) {t= ③ ;t0=t1;  t1=t;  n--;}
    return ④ ;
}
```

(20) 调用 find()函数求实参数组中最大值，再调用 find()函数求实参数组中最小值。下面程序的运行结果为：

```
12.000000
2.000000

#include <stdio.h>
int main()
{   float s,a[7]={2,6,3,8,3,12,9};
    float find(float [], int,int);
    s=find(a,7,1); ① ;
     ② ;  printf("%f\n",s);
    return 0;
}
float find(float p[ ], int n, int flag)
{   int i;
    float t,fh;
    if(flag>=0) fh=1; else fh=-1;
     ③
    for(i=1;i<n;i++)
        if( p[i] * fh>t * fh)
            t=p[i]);
     ④
}
```

(21) 对数组按值从大到小的顺序排序后输出。

```
#include <stdio.h>
void sort( ① )
{   int i,j,k; float t;
```

```
    for(i=0;i<n-1;i++) {
        for ( k=i, j=i+1; j<n; j++)   if (___②___)  k=j;
        ___③___ { t=p[i];   p[i]=___④___;  ___⑤___=t; }
    }
}
int main()
{   int i   float a[7]={2,6,3,8,3,12,9};
    ___⑥___
    for(i=0;i<7;i++) printf("%f ",a[i]);
    return 0;
}
```

(22) 下列函数求任意阶多项式 $a_0+a_1X+a_2X^2+\cdots+a_nX^n$ 的值并返回多项式的值。函数的调用形式为：

```
s=sum(a, n, x);

float sum(___①___)
{   float x,y,t=1;
    y=a[0];
    for(i=1;i<=n;i++)  { ___②___ y+= * (a+i) * t; }
    ___③___
}
```

(23) 下列函数用于将任意方阵(行数等于列数的二维数组)转置。

```
void mt(___①___)
{   int i,j; float t;
    for(i=0;i<n-1;i++)
        for(___②___) {   t=a[i][j];  a[i][j]=a[j][i]; ___③___   }
}
```

(24) 下列程序输入 6 个字符串,按字典顺序排序后输出。

```
#include <stdio.h>
___①___
void sort(char a[ ][100],int n)
{   int i,j,k; char temp[100];
    for(i=0;i<n-1;i++) {
        k=i;
        for(j=i+1;j<n;j++) if(strcmp(a[j],a[k])<0) k=j;
        if(k!=i) { strcpy(temp,a[i]); strcpy(a[i],a[k]); strcpy(a[k],temp); }
    }
}
int main()
{   char name[6][100];   int k;
    for(k=0;k<6;k++) gets(name[k]);
    ___②___
```

```
    for(k=0;k<6;k++) puts(name[k]);
    return 0;
}
```


(25) 下列函数用矩形公式求 f(x)在[a,b]的定积分：先 M 等份积分区间求得积分近似值，再 2M 等份求得积分近似值，再 4M 等份求得积分近似值……，当两次积分近似值之差的绝对值小于 eps 时返回计算结果。

```
float sum(float a,float b,int m,float eps)
{   float h,s1=0,s2,x;  ___①___
    while(flag) {
        s2=0; x=a; h=(b-a)/m
        for(i=1;i<=m;i++) { s2+=(f(x)+f(x+h))*h/2;   x=x+h;  }
        ___②___
        s1=s2; m=m*2;
    }
    ___③___
}
```

(26) 验证哥德巴赫猜想：任何一个大于 6 的偶数均可表示为两个素数之和。要求将 6～100 的偶数都表示为两个素数之和。素数指只能被 1 和自身整除的正整数，1 不是素数，2 是素数。请填空。

```
#include <stdio.h>
int prime(int n)
{   int k;
    for(k=2; k<=n/2; k++)   if( n%k==0)   return 0;
    return ___①___;
}
int main()
{   int j, k;
    for( j=6; j<=100; j+=2)
        for(k=2; k<=j/2; k++)
        if(___②___) {printf( "%d=%d+%d\n", j, k, j-k); break; }
    return 0;
}
```

(27) 若给 fun()函数的形参 s 传递字符串："␣␣6354abc145"(其中"␣"表示空格字符)，则函数的返回值是________。

```
#include <ctype.h>
long fun(char s[ ])
{   long n;
    int i, sign;
    for(i=0; isspace(s[i]); i++);
    sign=(s[i]=='-')? -1:1;
    if(s[i]=='+'|| s[i]=='-') i++;
```

```
    for(n=0; isdigit(s[i]); i++)   n=10 * n+(s[i]-'0');
    return(sign * n);
}
```

(28) 以下函数用来在数组 w 中插入 x。n 表示数组 w 中字符个数。数组 w 中的字符已按从小到大的顺序排列,插入后数组 w 中的字符仍有序。请填空。

```
void fun(char w[ ], char x, int n)
{   int i, ___①___;
    while(x>w[p]) p++;
    for(i=n; i>p; i--) w[i]=___②___;
    w[p]=x;
}
```

(29) my_cmp()函数的功能是比较字符串 s 和 t 的大小。当 s 等于 t 时返回 0;否则返回 s 和 t 的第一个不同字符的 ASCII 码差值,即当 s>t 时返回正值,当 s<t 时返回负值。请填空。

```
int my_cmp(char s[ ], char t[ ])
{   int i=0
    while (s[i]==t[i])   { if (* s=='\0') return(0);   ++i;  }
    return _______;
}
```

3. 程序分析题

(1) 当从键盘输入 abcdef<CR>时,写出下列程序的运行结果。

```
#include <stdio.h>
void fun()
{   char c;
    if((c=getchar())!='\n')
        fun();
    putchar(c);
}
int main()
{   fun();   return 0; }
```

(2) 写出下列程序运行结果。

```
#include <stdio.h>
#define C 5
int x=1,y=C;
int main()
{   int x;
    x=y++;  printf("%d %d\n", x,y);
    if(x>4) { int x;   x=++y;   printf("%d %d\n",x,y);  }
    x+=y--;
```

```
    printf("%d %d\n",x,y);
    return 0;
}
```


(3) 阅读程序,写出下列程序的运行结果。

```
#include <stdio.h>
int c, a=4;
func(int a, int b)
{   c=a*b;   a=b-1;   b++;   return  (a+b+1);   }
int main()
{   int b=2, p=0; c=1;
    p=func(b, a);
    printf("%d,%d,%d,%d\n", a,b,c,p);
    return 0;
}
```

(4) 阅读函数,写出函数的主要功能。

```
void ch (int *p1, int *p2)
{   int p;
    if (*p1>*p2)   {p=*p1;   *p1=*p2;  *p2=p;}
}
```

(5) 阅读函数,写出函数的主要功能。

```
float av(float a[ ], int n)
{   int i; float s;
    for(i=0,s=0; i<n; i++) s=s+a[i];
    return(s/n);
}
```

(6) 阅读程序,写出程序的运行结果。

```
#include <stdio.h>
unsigned fun6(unsigned num)
{   unsigned k=1;
    do { k*=num%10; num/=10; }
    while(num);
    return k;
}
int main()
{   unsigned n=26;
    printf("%d\n", fun6(n));
    return 0;
}
```

(7) 阅读程序,写出程序的运行结果,并说明原因。

```
#include <stdio.h>
int main()
```

```
{   void sub(int * s, int y);
    int a[ ]={ 3,8,4,2 },i,x=0;
    for(i=0; i<4; i++)
    {  sub(a,x);  printf("%3d", x);  }
    return 0;
}
void sub(int * s, int y)
{   static int t=0;
    y=s[t];
    t++;
}
```

(8) 阅读程序,写出程序的运行结果,并说明函数的功能。

```
#include <stdio.h>
void func(int a[3][3],int * x,int * y,int * z,int m,int n);
int main()
{
    int m, row, col;
    int a[3][3]={ 50, -30, 90,
                  35, 45, -85,
                  -17, 57, 97};
    func(a,&m,&row,&col,3,3);
    printf("%d,%d,%d\n",m,row,col);
    return 0;
}

void func(int a[3][3],int * x,int * y,int * z,int m,int n)
{  int i,j;
    * x=a[0][0];
    for(i=0; i<m; i++)
        for(j=0;j<n;j++)
            if(a[i][j]< * x)
                { * x=a[i][j]; * y=i; * z=j;}
}
```

(9) 阅读下面程序,写出运算结果。

```
#include <stdio.h>
int fun(int n);
int main()
{   printf("%5d\n", fun(4)); return 0; }
int fun(int n)
{   int t;
    if((n==0)||(n==1))  t=3;
    else t=n * fun(n-1);
    return t;
}
```

(10) 阅读下面程序,当输入为5,−7,3时,写出运算结果。

```
#include <stdio.h>
int find(int,int,int);
int main()
{   int a,b,c;
    scanf("%d,%d,%d",&a,&b,&c);
    printf("%d ",find(a,b,c));
    return 0;
}
int find(int a,int b,int c)
{   int u,s,t;
    u=((u=(a>b)?a:b)>c)? u:c;
    t=((t=(a<b)?a:b)<c)? t:c;
    s=a+b+c-u-t; a=u;
    b=s; c=t; return s;
}
```

(11) 阅读下面程序,写出运算结果。

```
#include <stdio.h>
void fun1(int n,int a[ ][3])
{   for(int i=0;i<n;i++)
        for(int j=0;j<n;j++) a[i][j]=a[i][j]/a[i][i];
}
int main()
{   int a[3][3]={{6,4,2},{8,6,4},{9,6,3}};
    fun1(3,a);
    for(int i=0;i<3;i++) {
        for(int j=0;j<3;j++) printf("%d ",a[i][j]);
        printf("\n");
    }
    return 0;
}
```

(12) 阅读下面程序,写出运算结果。

```
#include <stdio.h>
int fun3(int m)
{   int i;
    if(m==2||m==3) return 1;
    if(m<2||m%2==0) return 0;
    for(i=3;i<m;i=i+2) if(m%i==0)return 0;
    return 1;
}
int main()
{   int n;
    for(n=1;n<10;n++)
```

```
        if(fun3(n)==1) printf("%d ",n);
    return 0;
}
```

(13) 阅读下面程序,写出运算结果。

```
#include <stdio.h>
void sub(int * a,int * b,int * c,int m,int n)
{   int i,j;
    for(i=0;i<m;i++) * (c+i)= * (a+i);
    for(j=0;j<n;j++,i++) * (c+i)= * (b+j);
}
int main()
{   int i,x[5]={1,5,3,8,4},y[3]={9,-4,6},z[8];
    sub(x,y,z,5,3);
    for(i=0;i<8;i++) printf("%d ",z[i]);
    printf("\n");
    return 0;
}
```

(14) 阅读下面程序,写出运算结果。

```
#include <stdio.h>
#include <string.h>
void sort(char * a[ ],int n)
{   int i,j,k; char * temp;
    for(i=0;i<n-1;i++) {
        k=i;
        for(j=i+1;j<n;j++)
            if(strcmp(a[j],a[k])<0) k=j;
        if(k!=i) {
            temp=a[i]; a[i]=a[k]; a[k]=temp;
        }
    }
}
int main()
{   char * name[4];
    ch[4][15]={ "morning","afternoon","night","evening" };
    int k;
    for(k=0;k<4;k++) name[k]=ch[k];
    sort(name,4);
    for(k=0;k<4;k++)
        printf("%s\n",name[k]);
    return 0;
}
```

(15) 阅读下面程序,写出运算结果。

```
#include <stdio.h>
void pline(char * a,char c,int m,int n)
{   int i;
```

```
    for(i=1;i<m;i++) { *a=' '; a++; }
    for(i=1;i<=n;i++, *a=c,a++);
    *a='\0';
}
int main()
{   char a[80];
    int i; void (*pf)(char*,char,int,int);
    pf=pline;
    for(i=1;i<5;i++) {
        (*pf)(a,'$',5-i,2*i-1);
        puts(a);
    }
    return 0;
}
```

(16) 阅读下面程序,写出运算结果。

```
#include <stdio.h>
int binary(int x,int a[ ],int n)
{   int low=0,high=n-1,mid;
    while(low<=high) {
        mid=(low+high)/2;
        if(x>a[mid]) high=mid-1;
        else if(x<a[mid]) low=mid+1;
            else return(mid);
    }
    return(-1);
}
int main()
{   static int a[]={4,0,2,3,1}; int i,t,j;
    for(i=1;i<5;i++) {
        t=a[i]; j=i-1;
        while(j>=0&&t>a[j]) {
            a[j+1]=a[j]; j--;
        }
        a[j+1]=t;
    }
    printf ("%d \n",binary(3,a,5));
    return 0;
}
```

(17) 阅读下面程序,写出运算结果。

```
#include<math.h>
#include <stdio.h>
int main()
{   double f(double,int);
    printf("%1f\n",f(2.0,14));
```

```
    return 0;
}
double f(double x,int n)
{   double t;
    if(n==1) t=x;
    else {
        if(n/2 * 2==n) t=x * f(x,n/2);
        else t=x * pow(f(x,n/2),2.0);
    }
    return t;
}
```

(18) 阅读下面程序,写出运算结果。

```
#include <stdio.h>
double x,u,v;
double t(double a,double( * f)(double))
{   return( * f)(a * a); }
double f(double x)
{   return 2.0 * x; }
double g(double x)
{   return 2.0+x; }
int main()
{   x=4.0;u=t(x,f);v=t(x,g);
    printf("u=%5.3f v=%5.3f\n",u,v);
    return 0;
}
```

4. 程序设计题

(1) 编写一个名为 root 的函数,求方程 $ax^2+bx+c=0$ 的 b^2-4ac,并作为函数的返回值。其中的 a、b、c 作为函数的形式参数。

(2) 编写一个函数,判断参数 y 是否为闰年,若 y 为闰年,则返回 1,否则返回 0。

(3) 编写一个无返回值、名为 root2 的函数,要求如下:

形式参数:a、b、c 为单精度实型,root 为单精度实型数组名。

功能:计算 $ax^2+bx+c=0$ 的两个实根(设 $b^2-4ac>0$)存入 root[2]中。

(4) 编写一个无返回值、名为 max_min 的函数,使之能对两个整数实参求出它们的最大公约数和最小公倍数并显示。

(5) 编写一个能判断一个整数是否是素数的函数,并用它求出 3~100 的所有素数。

(6) 编写一个名为 day_of_year(int year,int month,int day)的函数,参数分别是年,月,日,计算并返回这一天是该年的第几天。

(7) 编写一个函数,根据输入年和天数,输出对应的月和日。

形式参数:year 是年;yearday 是天数; * pmonth, * pday 是计算得出的月和日。

(8) 编写一个无返回值、名为 trus 的函数,要求如下:

形式参数:s1[2][3],s2[3][2]为整型数组。

功能：将数组 s1 转置后存入数组 s2 中。

(9) 编写一个名为 countc 的函数，要求如下：

形式参数：array 为用于存放字符串的字符型数组。

功能：统计数组 array 中大写字母的数目。

返回值：字符串中大写字母的数目。

(10) 编写一个名为 link 的函数，要求如下：

形式参数：s1[40]，s2[40]，s3[80]为用于存放字符串的字符型数组。

功能：将数组 s2 连接到数组 s1 后存入数组 s3 中。

返回值：连接后字符串的长度。

(11) 编写一个函数，使之能返回一维实型数组前 n 个元素的最大数、最小数和平均值。数组 n 和最大数、最小数、平均值均作为函数的形式参数，本函数无返回值(用指针方法实现)。

(12) 编写一个函数，使之能用"冒泡法"对字符数组中的字符按由小到大顺序排列。

要求字符数组作为形参。

(13) 编写一函数，使之能将十六进制数转换成十进制数。

形参：字符指针，指向放十六进制数的字符数组。

返回值：十进制整数。

(14) 用递归法将一个整数转换成字符串。

(15) 用递归法实现对一个整数的逆序输出。

(16) 编写一个名为 delchar(s,c)的函数，将字符串 s 中出现的所有 c 字符删除。编写 main()函数，并在其中调用 delchar(s,c)函数。

习题六　指　　针

1. 单项选择题

(1) 对于同类型的指针变量，不可能进行的运算是(　　)。

A. －　　B. ＝　　C. ＋　　D. ＝＝

(2) 下列不正确的定义是(　　)。

A. int ＊p=&i,i;　　B. int ＊p,i;

C. int i,＊p=&i;　　D. int t,＊p;

(3) 下列正确的定义是(　　)。

A. int x=3,＊p=1;　　B. int x=3,＊p;

C. int x=3,＊p=x;　　D. int ＊p=&x=3;

(4) 下列语句定义 p 为指向 float 类型变量 d 的指针，其中正确的是(　　)。

A. float d,＊p=d;　　B. float d,＊p=&d;

C. float ＊p=&d,d;　　D. float d,p=d;

(5) 对语句 int a[10],＊p=a;，下列表述中正确的是(　　)。

A. ＊p 被赋初值为 a 数组的首地址　　B. ＊p 被赋初值为数组元素 a[0]的地址

C. p 被赋初值为数组元素 a[1]的地址　　D. p 被赋初值为数组元素 a[0]的地址

(6) 设有定义 int a=1,b,＊p=&a；则下列语句中使 b 不等于 a 的语句是(　　)。

A. b=＊&a；　　B. b=＊p；　　C. b=a；　　D. b=＊p+1；

(7) 指针 p1 指向某个整型变量，要使指针 p2 也指向同一变量，下列语句中正确的是(　　)。

A. p2=p1；　　B. p2=**p1；　　C. p2=&p1；　　D. p2=＊p1；

(8) 假如指针 p 已经指向变量 x，则 &＊p 相当于(　　)。

A. x　　B. ＊p　　C. &x　　D. ＊＊p

(9) 假如指针 p 已经指向某个整型变量 x，则(＊p)++相当于(　　)。

A. p++　　B. x++　　C. ＊(p++)　　D. &x++

(10) 设指针 x 指向的整型变量值为 25，则 printf("%d\n",++＊x);的输出是(　　)。

A. 23　　B. 24　　C. 25　　D. 26

(11) 若有说明：int i,j=7,＊p=&i;，则与 i=j;等价的语句是(　　)。

A. i=＊p；　　B. ＊p=＊&j；　　C. i=&j；　　D. i=＊＊p；

(12) 若有说明：char ch,＊p;，则 p 不能正确获得值的语句是(　　)。

A. ＊p=getchar()；

B. p=&ch； scanf("%c",p)；

C. p=(char ＊)malloc(1)； ＊p=getchar()；

D. p=&ch； ＊p=getchar()；

(13) 若有说明语句 int a[ ]={1,2,3,4,5},＊p=a,i； 且 0≤i<5，则对数组元素错误的引用是(　　)。

A. ＊(a+i)　　B. a[p-a]　　C. p+1　　D. ＊(&a[i])

(14) 若有说明语句 int a[5],＊p=a;，对数组元素的正确引用是(　　)。

A. &a[5]　　B. ＊p+2　　C. ＊(a+2)　　D. ＊a++

(15) 若有说明语句 int a[5],＊p=a;，对数组元素的正确引用是(　　)。

A. a[p]　　B. p[a]　　C. ＊(p+2)　　D. p+2

(16) 若有以下定义，且 0≤i<5，则对数组元素地址的正确表示是(　　)。

```
int a[ ]={1,2,3,4,5}, *p=a,i;
```

A. &(a+i)　　B. a++　　C. &p　　D. &p[i]

(17) 下面各语句中，能正确进行赋字符串操作的语句是(　　)。

A. char s[5]="ABCDE"；　　B. char s[5]={'A','B','C','D','E'}；

C. char ＊s； s="ABCDE"；　　D. char ＊s； scanf("%s",&s)；

(18) 若有定义 char s[ ]="Hello",＊p=s； 则 ＊(p+5) 的值为(　　)。

A. '0'　　B. '\0'　　C. '0'的地址　　D. 不确定的值

(19) 若有定义 int a[10]={1,2,3,4,5,6,7,8,9,10},＊p=a;，则值为 3 的表达式是(　　)。

A. p+=2,＊(p++)　　B. p+=2,＊++p

C. p+=3,＊p++　　D. p+=2,++＊p；

(20) 执行语句 char a[10]={"abcd"}, * p=a 后, * (p+4) 的值是(　　)。

A. "abcd"　　B. 'd'　　C. '\0'　　D. 不能确定

(21) 数组定义为 int a[4][5];,引用 a+3 表示(　　)。

A. 数组 a 第 3 列的首地址　　B. 数组 a 第 0 行第 3 列元素的值

C. 数组 a 第 3 行的首地址　　D. 数组 a 第 0 列第 3 行元素的值

(22) 数组定义为 int a[4][5];,引用 a[1]+3 表示(　　)。

A. 数组 a 第 1 行第 3 列元素的地址　　B. 数组 a 第 1 行第 3 列元素的值

C. 数组 a 第 4 行的首地址　　D. 数组 a 第 4 列的首地址

(23) 数组定义为 int a[4][5];,引用 * (* a+1)+2 表示(　　)。

A. a[1][0]+2　　B. 数组 a 第 1 行第 2 列元素的地址

C. a[0][1]+2　　D. 数组 a 第 1 行第 2 列元素的值

(24) 数组定义为 int a[4][5];,下列引用中错误的是(　　)。

A. * a　　B. * (* (a+2)+3)

C. &a[2][3]　　D. ++a

(25) 若有定义 int a[3][4];,则对数组元素 a[i][j](0≤i<3,0≤j<4)正确的引用是(　　)。

A. * (a+4 * i+j)　　B. * (* (a+i)+j)

C. * (a+i)[j]　　D. a[i] +j

(26) 若有定义 int a[3][4], * p;,则对数组元素 a[i][j](0≤i<3,0≤j<4)正确的引用是(　　)。

A. p=a　　B. p=a, * (* (p+i)+j)

C. p=a[0], * (p+i * 4+j)　　D. * (a+i * 4+j)

(27) 若有定义 int a[3][4],(* p)[4];,则对数组元素 a[i][j](0≤i<3,0≤j<4)正确的引用是(　　)。

A. p=a[i]　　B. p=&a[i][j]

C. p=a, * (p+i * 4+j)　　D. p=a, * (* (p+i)+j)

(28) 若有定义 int a[3][4], * p, * q[3]; 且 0≤i<3,则错误的赋值语句是(　　)。

A. p=a　　B. q[i]=a[i]

C. p=a[i]　　D. q[i]=&a[2][0]

(29) 设有定义语句 int (* ptr)[10];,其中的 ptr 是(　　)。

A. 10 个指向整型变量的函数指针

B. 指向 10 个整型变量的函数指针

C. 一个指向具有 10 个元素的一维数组的指针

D. 具有 10 个指针元素的一维数组

(30) 若有以下定义,则数值为 4 的表达式是(　　)。

```
int w [4][3]={{0,1},{2,4},{0,1},{0,1}}, (*p)[3]=w;
```

A. * w[1]+1　　B. p++, * (p+1)

C. w[2][2]　　D. p[1][1]

(31) 以下程序的输出结果是(　　)。

```
fun(char **m)
{ ++m; printf("%s\n", * m); }
int main()
{   char * a[ ]={ "BASIC","FOXPRO","C"};
    fun(a);
    return 0;
}
```

A. BASIC　　B. ASIC　　C. FOXPRO　　D. C

(32) 函数的功能是交换 x 和 y 中的值,且通过正确调用返回交换结果。不能正确执行此功能的函数是(　　)。

A.

```
void funa(int * x, int * y)
{   int i, * p=&i;
    * p= * x;  * x= * y;
    * y= * p;
}
```

B.

```
void funa(int x, int y)
{  int t;
   t= x; x=y; y=t;
}
```

C.

```
void funa(int * x, int * y)
{   int p;
    p= * x;  * x= * y;
    * y=p;
}
```

D.

```
void funa(int * x, int * y)
{
    * x= * x+ * y;  * y= * x- * y;
    * x= * x- * y;
}
```

(33) 要求函数的功能是在一维数组 a 中查找 x 值。若找到则返回所在的下标值;否则返回 0。数据放在数组元素 a[1]~数组元素 a[n]。不能正确执行此功能的函数是(　　)。

A.

```
int funa(int * a, int n, int x)
{   * a=x;
    while(a[n]!=x) n--;
    return(n);
}
```

B.

```
int funb(int * a, int n, int x)
{  int k;
   for(k=1;k<=n; k++)
       if(a[k]==x) return(k);
   return(0);
}
```

C.

```
int func(int a[ ],int n,int x)
{   int * k;
    a[0]=k;  k=a+n;
    while( * k!=x) k--
    return(k-n);
}
```

D.

```
int fund(int a[ ], int n, int x)
{   int k=0;
    do k++;
    while((k<n+1)&&
    (a[k]!=x));
    if((k<n+1)&&(a[k]==x))
    return (k);
    else return(0);
}
```

2. 填空题

(1) C语言中,数组名是一个___①___常量,不能对它进行___②___和___③___运算。由___④___代表它的首地址。

(2) 在C语言程序中,指针变量只能赋___①___值和___②___值。

(3) 在C语言程序中,指针变量可以通过___①___、___②___、___③___这3种方式赋值。

(4) 在C语言程序中,可以对指针变量进行___①___和___②___来移动指针。

(5) 单目运算符"*"称为___①___运算符,"&"称为___②___运算符。

(6) 若两个指针变量指向同一个数组的不同元素,则可以进行减法运算和________运算。

(7) 设 int a[10], * p=a; 则对 a[3] 的引用可以是 p[___①___] 和 *(p___②___)。

(8) 若 d 是已定义的双精度变量,再定义一个指向 d 的指针变量 p 的语句是________。

(9) & 后跟变量名,表示取该变量的___①___;* 后跟指针变量名,表示取该指针变量___②___;& 后跟指针变量名,表示取该指针变量的___③___。

(10) 设有 int sz[4],p=sz,i;,有___①___、___②___、___③___和___④___这4种不同的引用数组元素的方法。

(11) 设有 char * a = "ABCD";,则 printf("%s", a);的输出是___①___;而 printf("%c", * a);的输出是___②___。

(12) 定义 a 为共有 5 个元素的一维整型数组,同时定义 p 为指向数组 a 首地址的指针变量的语句为________。

(13) 定义 a 为 4 行 5 列的二维整型数组,同时定义 p 为指向数组 a 首地址的指针变量的语句为________。

(14) 设有以下定义和语句,则 * * (p+2) 的值为________。

```
int a[3][2]={10,20,30,40,50,60}, (*p)[2];
p=a;
```

(15) 以下程序的功能是用指针指向 3 个整型存储单元,输入 3 个整数,选出其中的最小值并输出。

```
#include <malloc.h>
#include <stdio.h>
int main()
{  int ___①___;
   a=(int *)malloc(sizeof(int));
   b=(int *)malloc(sizeof(int));
   c=(int *)malloc(sizeof(int));
   min=(int *)malloc(sizeof(int));
   printf("输入3个整数: \n"); scanf("%d%d%d", ___②___);
   printf("输出这3个整数: %d %d %d \n", ___③___);
   *min=*a;
```

```
    if(*a>*b) ____④____;
    if(*min>*c) ____⑤____;
    printf("输出最小整数: %d\n", ____⑥____);
    return 0;
}
```

(16) 以下程序的功能是从键盘上输入若干字符(以按 Enter 键作为结束)组成一个字符串存入一个字符数组,然后输出该字符数组中的字符串。请填空。

```
#include <stdio.h>
int main()
{  char str[81], *sptr;
   int i;
   for(i=0;i<80;i++)
     { str[i]=getchar(); if (str[i]=='\n') break; }
   str[i]= ____①____;   sptr=str;
   while(*sptr)  putchar(____②____);
   return 0;
}
```

(17) 以下程序的功能是从输入的 10 个字符串中找出最长的那个串及长度。请填空。

```
#include <stdio.h>
#include <string.h>
int main()
{  char str[10][80], *sp; int i;
   for(i=0;i<10;i++) gets(str[i]);
   sp=str[0];
   for(i=0;i<10;i++) if(strlen(sp)<strlen(str[i])) ____①____;
   printf("输出最长的那个串: %s\n", ____②____);
   printf("输出最长的那个串的长度: %d\n", ____③____);
   return 0;
}
```

(18) 若函数的形式参数是指针类型,则实参可以是____①____、____②____或____③____。

(19) 函数的参数为 char * 类型时,形参与实参结合的传递方式为________。

(20) f()函数定义如下,调用 f("1475")的返回值为________。

```
int f(char *s)  { int k=0; while(*s) k+=*s++-'0'; return k; }
```

(21) 下列函数用于判断字符 c 是否在字符串 s 中出现,请填空。

```
int f(char *s, char c)
{   for(; ________)  if(c==*s) break;
    return(c==*s);
}
```

(22) 调用 find()函数求实参数组中最大值,再调用 find()函数求实参数组中最小值。

```
#include <stdio.h>
```

```
int main()
{   float s,a[7]={2,6,3,8,3,12,9};
    float find(float *,int,int);
    s=find(a,7,1); ____①____
    ____②____ printf("%f\n",s);
    return 0;
}
float find(float *p, int n, int flag)
{   int i;
    float t,fh;
    if(flag>=0) fh=1; else fh=-1;
    ____③____
    for(i=1;i<n;i++)
        if(*(p+i)*fh>t*fh)
            t=*(p+i);
    ____④____
    return 0;
}
```

(23) 下列函数在n个元素的一维数组中找出最大值、最小值并传送到调用函数。

```
#include <stdio.h>
void find(float *p, int*max, int *min, int n)
{   int k;
    ____①____
    *max=*p;____②____
    for(k=1;k<n;k++) {
        t=*(p+k);
        if(____③____) *max=t;
        if(t<*min) *min=t;
    }
}
```

(24) 下列函数用于将任意方阵(行数等于列数的二维数组)转置。

```
void mt(____①____)
{   int i,j;  float t;
    for(i=0;i<n-1;i++)
        for(____②____) {
            t=*(a+i*n+j);
            *(a+i*n+j)=*(a+j*n+i);
            ____③____
        }
}
```

(25) 以下程序用于把字符串中的内容按逆序输出,但不改变字符串中的内容,请填空。

```
void inverp (char *a)
```

```
{  if( ① ) return;
   inverp (a+1);
   printf("%c", ② );
}
```

3. 程序分析题

(1) 写出下列程序段的输出结果。

```
static char s[ ]="student";
printf("%s\n", s+2);
```

(2) 写出下列程序段的输出结果。

```
char * st[ ]={ "one", "two", "three", "four" };
printf("%s\n", * (st+3)+1);
```

(3) 若下面程序保存在文件 test .c 中,编译后运行 test hello world＜回车＞,写出程序输出结果。

```
#include <stdio.h>
int main( int argc, char * argv[ ])
{  printf("%d %s", argc, argv[1]+1); return 0; }
```

(4) 设有下列程序:

```
#include <stdio.h>
int main (int argc, char * argv[ ]))
{  while (--argc>0)  printf ("%s", argv [argc]);
   printf ("\n");
   return 0;
}
```

假定上述程序编译连接成目标程序名为 p.exe,如果输入如下的命令后,程序运行结果是什么?

```
p  123  AAA  BBB↙  (其中的↙表示回车)
```

(5) 阅读下列程序,写出程序的输出结果。

```
#include <stdio.h>
int main()
{  char  * a[6]={"AB","CD", "EF", "GH", "IJ", "KL"};
   int  i;
   for(i=0;i<4;i++) printf("%s",a[i]);
   printf("\n");
   return 0;
}
```

(6) 阅读程序,写出该程序的主要功能。

```
#include <stdio.h>
```

```
int main()
{   int i, a[10],   *p=a;
    for(i=0;i<10;i++)  scanf("%d", p++);
    for(--p; p>=a;)  printf("%d\n", *p--);
    return 0;
}
```

(7) 阅读下列程序，写出程序的运行结果。

```
#include <stdio.h>
int main()
{   char s[ ]="ABCD";
    char *p;
    for(p=s;p<s+4;p++)
        printf("%c  %s\n", *p,p);
    return 0;
}
```

(8) 设有下列程序，试写出程序的运行结果。

```
#include <stdio.h>
int main()
{   int i,b,c,a[]={1,10,-3,-21,7,13}, *pb, *pc;
    b=c=1;   pb=pc=a;
    for(i=0;i<6;i++)
        {  if(b< *(a+i))  { b= *(a+i);  pb=&a[i]; }
           if(c> *(a+i))  { c= *(a+i);  pc=&a[i]; }
        }
    i= *a;   *a= *pb;   *pb=i;   i= *(a+5);   *(a+5)= *pc;   *pc=i;
    for(i=0;i<=5;i++)printf("%4d",a[i]);
    return 0;
}
```

(9) 设有下列程序，当输入字符串"LEVEL"和"LEVAL"时，试写出程序的运行结果。

```
#include <stdio.h>
#include <string.h>
int main()
{   char s[81], *pi, *pj;
    int n;
    gets(s); n=strlen(s);
    pi=s; pj=s+n-1;
    while(*pi==' ') pi++;        //跳过空格
    while(*pj==' ') pj--;
    while((pi<pj)&&(*pi== *pj)) { pi++; pj--; }
    if(pi<pj) printf("NO\n");
    else printf("YES\n");
    return 0;
}
```

(10) 阅读下列程序,写出程序的运行结果。

```
#include <stdio.h>
int main()
{   char * alpha[4]={"ABCD","EFGH","IJKL","MNOP"};
    char * p; int i;
    p=alpha[0];
    for(i=0;i<4;p=alpha[++i]) printf("%c", * p);
    printf("\n");
    return 0;
}
```

(11) 阅读下列程序,写出程序的运行结果。

```
#include <stdio.h>
int main()
{   int s[4][4],i,j;
    for(i=0;i<4;i++)
        for(j=0;j<4;j++)   * ( * (s+i)+j)=i-j;
    for(j=0;j<4;j++)
    {   for(i=0;i<4;i++) printf("%4d", * ( * (s+i)+j));
        printf("\n");
    }
    return 0;
}
```

(12) 阅读下列程序,写出程序的运行结果。

```
#include <stdio.h>
int main()
{   static int a[4][4];
    int * p[4],i,j;
    for(i=0; i<4; i++)  p[i]=&a[i][0];
    for(i=0; i<4; i++)
    {   * (p[i]+i)=1;   * (p[i]+4-(i+1))=1; }
    for(i=0;i<4;i++)
    {   for(j=0;j<4;j++)  printf("%2d",p[i][j]);
        printf("\n");
    }
    return 0;
}
```

(13) 阅读下列程序,写出程序的运行结果。

```
#include <stdio.h>
int main()
{   int x=3,y=5;
    void p(int * a,int b);
```

```
    p(&x,y);
    printf("x=%d,y=%d\n", x, y);
    p(&y, x);
    printf("x=%d,y=%d\n", x, y);
    return 0;
}
void p(int *a, int b)
{   *a=10;   b=20;
}
```

(14) 写出下列程序的运行结果。

```
#include <stdio.h>
int z;
void p(int *x,int y)
{   ++*x;   y--;   z=*x+y;
    printf("%d,%d,%d\n", *x, y, z);
}
int main()
{   int x=2, y=3, z=4;
    p(&x, y);
    printf("%d,%d,%d\n", x, y, z);
    return 0;
}
```

4. 程序设计题(全部题目均要求用指针方法实现)

(1) 输入 3 个整数,按从大到小的顺序输出。

(2) 编写一个程序,输入 15 个整数存入一维数组,按逆序重新存放后再输出。

(3) 输入一个字符串,按相反顺序输出其中的所有字符。

(4) 输入一个一维实型数组,输出其中的最大值、最小值和平均值。

(5) 输入一个 3×6 的二维整型数组,输出其中的最大值、最小值及其所在的行列下标。

(6) 输入 3 个字符串,输出其中按字典顺序最大的字符串。

(7) 输入两个字符串,将其连接后输出。

(8) 判断两个字符串是否相等。

(9) 输入 10 个整数,将其中的最大数和最后一个数交换,最小数和第一个数交换。

(10) 有 10 个整数,编一程序使它循环后移 4 个位置,再输出该整数序列。

(11) 编写一个程序,将一个 3×3 的整数矩阵转置并输出。

(12) 编写一个程序,输入一行文字,统计其中的大写字母、小写字母、空格、数字和其他字符各有多少个。

(13) 将输入的一个字符串从第 m 个字符开始的全部字符复制到另一字符串并输出。

(14) 把 10 个字符串按从小到大的顺序排序并输出。

(15) 分别用字符数组和字符指针定义 strmcpy(s,t,m)函数,将字符串 t 中从 m 个字符开始的全部字符复制到字符串 s。

习题七　结　构　体

1. 单项选择题

(1) 对以下结构定义：struct { int len; char * str; } * p;，表达式(* p)－＞str＋＋中的＋＋的运算对象是(　　)。

A. 指针 str　　　　B. 指针 p

C. 指针 str 所指的内容　　　　D. 表达式语法有错

(2) 存放 100 名学生的数据，包括学号、姓名、成绩。在如下的定义中，不正确的是(　　)。

A. struct student { int sno; char name[20]; float score } stu[100];

B. struct student stu[100] { int sno; char name[20]; float score };

C. struct { int sno; char name[20]; float score } stu[100];

D. struct student { int sno; char name[20]; float score }; struct student stu[100];

(3) 设有定义语句 struct { int x; int y;} d[2]={{1,3},{2,7}};，则 printf ("%d\n", d[0].y/d[0].x * d[1].x)；的输出是(　　)。

A. 0　　B. 1　　C. 3　　D. 6

(4) 设有如下说明和定义：

```
typedef union {longi; int k[5]; char c; } DATE;
struct date { int cat; DATE cow; double dog; } too;
DATE max;
```

则下列语句的执行结果是(　　)。

```
printf ("%d", sizeof (struct date)+sizeof (max));
```

A. 26　　B. 30　　C. 18　　D. 8

(5) 根据下面的定义，能打印出字母 M 的语句是(　　)。

```
struct person { char name[9]; int age; };
struct person c[10]={"John", 17, "Poul", 19, "Mary", 18, "Adam", 16};
```

A. printf ("%c",c[3] . name);　　B. printf ("%c",c[3] . name[1]);

C. printf ("%c",c[2] . name[1]);　　D. printf ("%c",c[2] . name[0]);

(6) 设有如下定义，则对变量 data 中的 a 成员的正确引用是(　　)。

```
struct sk {int a; float b; } data, * p=&data;
```

A. (* p). data. a　　B. (* p). a　　C. p－＞data. a　　D. p. data. a

(7) 设有如下定义，则对字符串 li ming 的不正确引用是(　　)。

```
struct person{ char name[20]; char sex; } a={"li ming", 'm'}, * p=&a;
```

A. (* p). name　　B. p. name　　C. a. name　　D. p－＞name

(8) 设有如下定义的链表,则值不为6的表达式是(　　)。

```
struct st { int n; struct st * next; } a[3]={5, &a[1], 7, &a[2], 9, NULL}, * p
=&a;
```

A. p++->n　　B. p->n++　　C. (*p).n++　　D. ++p->n

2. 填空题

(1) "."称为___①___运算符,"->"称为___②___运算符。

(2) 设有定义语句 struct {int a; float b; char c;} x, * p=&x;,则对结构体成员 a 的引用方法可以是 x___①___a 和 p___②___a。

(3) 若有以下定义和语句,则表达式++p->a 的值是________。

```
struct wtc { int a; int *b; };
int x[ ]={11,12},y[ ]={31, 32};
static struct wtc z[ ]={100, x, 300, y}, *p=z;
```

(4) 以下程序用于输入20个人的姓名和他们的电话号码(7个数字),然后输入一个人的姓名,查找该人的电话号码,请填空。

```
#include <stdio.h>
#include <string.h>
#define SIZE 20
struct ph {
    char name[10];
    char tel[8];
};
void readin ( struct ph *,int);
void search ( struct ph *, char *,int);
int main()
{
    ___①___ s[SIZE];
    char c[10];
    readin (s,SIZE);
    printf ("请输入被查人的姓名: \n");
    gets(___②___);
    search (s,c,SIZE);
}
void readin ( struct ph *p,int n)
{
    int i;
    for (i=0; i<n; i++, p++)
    {
        printf ("请输入姓名: ");
        gets(___③___);
        printf("请输入他的电话号码: ");
```

```
        gets(____④____);
    }
}
void search ( struct ph *p, char *x,int n)
{
    int i;
    for (i=0;i<n; i++, p++)
        if ( strcmp (____⑤____)==0)
        {
            printf ("%s 的电话号码是%s\n", x, p->tel);
            break;
        }
        if (i==3)
    printf ("找不到%s 的电话号码!\n", x);
}
```

(5) 下列程序用于读入时间数值，将其加 1 秒后输出，时间格式为 hh:mm:ss，即时:分:秒，当小时等于 24 时，置为 0。

```
#include <stdio.h>
struct tt
{
    int hour, minute, second;
};
int main(void)
{
    struct tt time;
    scanf("%d: %d: %d", ____①____);
    time.second++;
    if(____②____==60)
    {
        ____③____;
        time.second=0;
        if(time.minute==60)
        {
            time.hour++;
            time.minute=0;
            if(____④____) time.hour=0;
        }
    }
    printf ("%d: %d: %d \n",time.hour,time.minute,time.second );
}
```

(6) 下列函数用于将链表中某个节点删除，其中 n 为全局变量，表示链表中的节点个数。

```
struct tabdata *(struct tabdata *head, long num)
```

```
{
    struct tabdata *p1, *p2;
    if(head==NULL)
    {
        printf("\nlist null!\n");
        ____①____;
    }
    p1=head;
    while(num!=p1->num&& ____②____)
    {
        p2=p1; p1=p1->next;
    }
    if(num==p1->num)
    {
        if(p1==head)
            head=p1->next;
        else
            ____③____;
        n--;
        printf("delete:%ld\n",num);
    }
    else
        printf("%ld not been found!\n",num);
    return head;
}
```

(7) 下列函数用于将链表中各节点的数据依次输出。

```
void print(struct student *head)
{
    ____①____;
    p=head;
    if(head!=NULL)
    do
    {
        printf("%ld\n",p->data);
        ____②____;
    } while (____③____);
}
```

(8) 已建立学生"英语"课程的成绩链表(成绩存于 score 域中),下列函数用于计算平均成绩并输出。

```
void print(struct student *head)
{
    struct student *p;
    float sum=0.0;
    ____①____;
```

```
    ____②____;
    if(head!=NULL)
    {
        for(; p!=NULL; n++)
        {
            sum+=p->score;
            ____③____;
        }
        printf("%8.1f\n", sum/n);
    }
}
```

(9) 已建立学生"英语"课程的成绩链表(成绩存于 score 域中,学号存于 num 域中),下列函数用于输出待补考学生的学号和成绩及补考学生人数。

```
void require(struct student * head)
{
    struct student * p;
    ____①____;
    if( head!=NULL)
    {
        ____②____
        while(p!=NULL)
        {
            if(____③____)
            {
                printf("%7d  %6.1f\n",p->num,p->score);
                n++;
            }
            p=p->next;
        }
        printf("%ld\n", n);
    }
}
```

(10) 下列函数用于向一非空链表插入节点(由指针 p0 指向),链表按照节点 no 域的升序排列。

```
struct ltab * insert(struct ltab * head, struct ltab * stud)
{
    struct ltab * p0, * p1, * p2;
    p1=head; p0=stud;
    while((p0->no>p1->no)&&(____①____))
    {
        p2=p1; p1=p1->next;
    }
    if(p0->no<=p1->no)
```

```
        if(head==p1)
        {
            p0->next=head;
            head=p0;
        }
        else
        {
            p2->next=p0;
            ___②___;
    }
    else
    {
        p1->next=p0;
        ___③___;
    }
    return (head);
}
```

3. 程序分析题

(1) 阅读程序,写出程序的运行结果。

```
#include <stdio.h>
struct student
{
    char name[10];
    float k1;
    float k2;
};
int main ()
{
    struct student a[2]={{ "zhang", 100, 70}, {"wang", 70, 80}}, * p=a;
    printf("\n name : %s total=%.2f ", p->name, p->k1+p->k2);
    printf("\n name : %s total=%.2f ", a[1] . name, a[1]. k1+a[1]. k2);
}
```

(2) 阅读程序,写出程序的运行结果。

```
#include <stdio.h>
struct std
{
    int id;
    char * name;
    float sf;
};
int main ()
{
    struct std a, * p=&a;
```

```
    inti;
    char * s;
    float f;
    i=a.id=1998;
    s=a.name="Windos 98";
    f=a.sf=1800;
    printf ("%d  is  %s  sal  %.2f\n",i, s, f);
    printf ("%d  is  %s  sal  %.2f\n",p->id,p->name, p->sf);
}
```

(3) 阅读程序,写出程序的运行结果。

```
#include <stdio.h>
struct st
{
    int n;
    struct st * next;
};
int main()
{
    struct st a[3]={5, &a[1], 7, &a[2], 9, &a[0]}, * p=a;
    int i;
    for(i=0; i<3; i++)
        p=p->next;
    printf("p->n=%d\n",p->n);
}
```

(4) 阅读程序,写出程序的运行结果。

```
#include <stdio.h>
struct sa
{
    char c[4], * s;
};
struct sb
{
    char * cp;
    struct sa ss1;
};
int main()
{
    struct sa s1={"abc","def"};
    struct sb s2={"ghi",{"jkl","mno"}};
    printf("%c,%c\n",s1.c[0], * s1.s);
    printf("%s,%s\n",s1.c,s1.s);
    printf("%s,%s\n",s2.cp,s2.ss1.s);
    printf ("%s,%s\n",++s2.cp,++s2.ss1.s);
}
```

4. 程序设计题

(1) 用结构体存放下表中的数据,然后输出每人的姓名和实发钱数(基本工资+浮动工资−支出)。

姓名	基本工资	浮动工资	支出
zhao	240.00	400.00	75.00
qian	360.00	120.00	50.00
sun	560.00	0.00	80.00

(2) 编写一个程序,输入10个职工的编号、姓名、基本工资、职务工资,求出其中"基本工资+职务工资"最少的职工姓名并输出。

(3) 编写一个程序,输入10个学生的学号、姓名、3门课程的成绩,求出总分最高的学生姓名并输出。

(4) 编写一个程序,输入下列学生成绩表中的数据,并用结构体数组存放,然后统计并输出3门课程的名称和每个人3门课程的平均分数。

Name	Foxbase	BASIC	C
Zhao	97.5	89.0	78.0
Qian	90.0	93.0	87.5
Sun	75.0	79.5	68.5
Li	82.5	69.5	54.0

(5) 定义一个结构体变量(包括年、月、日)。编写一个函数,以结构类型为形参,返回该日在本年中是第几天。

(6) 编写一个函数,对结构类型(包括学号、姓名、3门课的成绩)开辟存储空间,此函数用于返回一个指针(地址),指向该空间。

习题八　文　　件

1. 单项选择题

(1) 在C语言中,文件由(　　)组成。

A. 字符(字节)序列　　B. 记录

C. 数据行　　D. 数据块

(2) 若文件型指针fp中指向某文件的末尾,则feof(fp)函数的返回值是(　　)。

A. 0　　B. −1　　C. 非零值　　D. NULL

(3) 下列语句将输出(　　)。

```
#include <stdio.h>
```

```
printf("%d %d %d", NULL,'\0',EOF);
```

A. 0 0 1　　B. 0 0 −1　　C. NULL EOF　　D. 1 0 EOF

(4) 下列语句中,将 fp 定义为文件型指针的是(　　)。

A. FILE fp;　　B. FILE * fp;　　C. file fp;　　D. file * fp;

(5) 定义 FILE * fp; 则文件指针 fp 指向的是(　　)。

A. 文件在磁盘上的读写位置　　B. 文件在缓冲区上的读写位置

C. 整个磁盘文件　　D. 文件类型结构体

(6) 缓冲文件系统的缓冲区位于(　　)。

A. 磁盘缓冲区中　　B. 磁盘文件中　　C. 内存数据区中　　D. 程序中

(7) 以只读方式打开文本文件 a:\aa.dat,下列语句中正确的是(　　)。

A. fp=fopen("a:\aa.dat","ab");　　B. fp=fopen("a:\aa.dat","a");

C. fp=fopen("a:\aa.dat","wb");　　D. fp=fopen("a:\aa.dat","r");

(8) 以追加方式打开文本文件 a:\aa.dat,下列语句中正确的是(　　)。

A. fp=fopen("a:\aa.dat","ab");　　B. fp=fopen("a:\aa.dat","a");

C. fp=fopen("a:\aa.dat","r+");　　D. fp=fopen("a:\aa.dat","w");

(9) 如果二进制文件 a.dat 已存在,现要求写入全新的数据,应以什么方式打开(　　)。

A. "w"　　B. "wb"　　C. "w+"　　D. "wb+"

(10) 为读写建立一个新的文本文件 a:\aa.dat,下列语句中正确的是(　　)。

A. fp=fopen("a:\aa.dat","ab");　　B. fp=fopen("a:\aa.dat","w+");

C. fp=fopen("a:\aa.dat","wb");　　D. fp=fopen("a:\aa.dat","rb+");

(11) 以读写方式打开一个已有的二进制文件 filel,并且定义 FILE * fp,则 fopen()函数正确的调用方式是(　　)。

A. fp=fopen ("file1","r")　　B. fp=fopen ("file1","rb+")

C. fp=fopen ("file1","rb")　　D. fp=fopen ("file1","wb+")

(12) 标准库函数 fputs (p1,p2)的功能是()。

A. 从指针 p1 指向的文件中读一个字符串存入指针 p2 指向的内存

B. 从指针 p2 指向的文件中读一个字符串存入指针 p1 指向的内存

C. 从指针 p1 指向的内存中读一个字符串写到指针 p2 指向的文件中

D. 从指针 p2 指向的内存中读一个字符串写到指针 p1 指向的文件中

2. 填空题

(1) 在 C 语言中,调用___①___函数可以打开文件,调用___②___函数可以关闭文件。

(2) fopen()函数的返回值是________。

(3) 文件操作的三大特征是________。

(4) feof()函数可用于___①___文件和___②___文件,用来判断即将读入的是否为___③___,若是,函数值为___④___。

(5) 若 ch 为字符变量,fp 为文本文件指针,从指针 fp 所指文件中读入一个字符时,可用的两种不同的输入语句___①___和___②___。把一个字符输出到指针 fp 所指文件中的两种不同的输出语句是___③___和___④___。

(6) sp=fgets (str,n,fp)；函数调用语句从___①___指向的文件输入___②___个字符，并把它们放到字符数组 str 中，sp 得到___③___的地址。而___④___函数的作用是向指定的文件输出一个字符串，如果输出成功，则函数返回值为___⑤___，如果函数输出不成功，则函数返回值为___⑥___。

(7) FILE *fp 的作用是定义了一个___①___，其中的 FILE 是在___②___头文件中定义的。

(8) 在对文件进行操作的过程中，若要求文件指针的位置回到文件的开头，应当调用的函数是________函数。

(9) 下列程序用于统计文件中字符的个数，请填空。

```
#include <stdio.h>
#include <stdlib.h>
int main()
{
    FILE * fp;
    long num=0;
    if (fp=fopen ("fname. dat", "r")==NULL)
    {
        printf ("打开文件失败\n");
        exit (0);
    }
    while (________)
    {
        fgetc (fp);
        num++;
    }
    printf ("num=%d\n", num);
    fclose (fp);
}
```

(10) 下列程序用于完成从磁盘文件 stu..dat 中读取 N 名学生的姓名、学号、成绩，并在屏幕上显示输出。请将程序补充完整。

```
#include <stdio.h>
#include <stdlib.h>
#define N 100
struct student
{   char name[20];
    int no;
    int score;
};
int main ()
{
    struct student stud[N];
    FILE   * fp;
```

```
    int i;
    if(____①____)
    {
        printf ("打开文件失败\n");
        exit (0);
    }
    ____②____
    for (i=0; i<N; i++)
      printf ("name : %s NO: %d score : %d\n", stud[i]. name, stud[i]. no, stud[i].
    score);
    fclose (fp);
}
```

(11) 开辟一个存储 n 个 int 数据的内存区、并将内存区首地址赋值给 p(指向 int 类型的指针变量)的语句为________。

(12) 释放由指针 fp 所指向的内存区的语句为________。

(13) fp 为文件位置指针,将指针 fp 移到离当前位置 25 字节处的语句为________。

(14) 输入若干名学生的姓名、学号、数学、英语、计算机成绩到文件 student.dat。

```
#include <stdio.h>
int main()
{
    ____①____;
    char name[8],numb[8];
    int m,e,c,n,i;
    scanf("%d",&n);
    ____②____;
    for(i=1;i<=n;i++)
    {
        scanf("%s%s%d%d%d",name,numb,&m,&e,&c);
        fprintf(fp,"%s %s %d %d %d\n",name,numb,m,e,c);
    }
    ____③____;
}
```

(15) 下列程序将文件 a.dat 和 b.dat 按原顺序(文件中每行一个数,按从小到大的顺序排列)合并到文件 c.dat 中。

```
#include <stdio.h>
#include <stdlib.h>
int main()
{   FILE * f1, * f2, * f3; int x,y;
    if((f1=fopen("a.dat","r"))==NULL)
    {
        printf ("打开文件失败\n");
        exit (0);
    }
    if((f2=fopen("b.dat","r"))==NULL)
```

```
    {
        printf ("打开文件失败\n");
        exit (0);
    }
    if((____①____)==NULL)
    {
        printf ("打开文件失败\n");
        exit (0);
    }
    fscanf(f1,"%d",&x);
    fscanf(f2,"%d",&y);
    while(!feof(f1)&&!feof(f2))
        if(x<y)
        {
            fprintf(f3,"%d\n",x);
            fscanf(f1,"%d",&x);
        }
        else
        {
            fprintf(f3,"%d\n",y);
            fscanf(f2,"%d",&y);
        }
        if(feof(f1))
        {
            ____②____;
            while(!feof(f2))
            {
                fscanf(f2,"%d",&y);
                ____③____;
            }
        }
        else
        {
            ____④____;
            while(!feof(f1))
            {
                ____⑤____;
                fprintf(f3,"%d\n",x);
            }
        }
    fclose(f1);
    fclose(f2);
    fclose(f3);
}
```

3. 程序分析题

(1) 阅读程序,写出程序的功能。

```
#include <stdio.h>
```

```
int main()
{
    int ch1,ch2;
    while((ch1=getchar())!=EOF)
        if(ch1>='a'&& ch1<='z')
        {
            ch2=ch1-32;
            putchar(ch2);
        }
        else
            putchar(ch1);
}
```

（2）阅读程序，写出程序的功能。

```
#include <stdio.h>
#include <stdlib.h>
int main (int argc, char * argv[ ])
{
    FILE  * f1,  * f2;
    char  ch;
    if(argc<3)
    {
        printf ("Parameter missing!\n");
        exit(0);
    }
    if(((f1=fopen (argv[1], "r"))==NULL || (f2=fopen (argv[2], "w"))==NULL)
    {
        printf ("打开文件失败");
        exit(0);
    }
    while(!feof (f1))
        fputc (fgetc (f1), f2);
    fclose (f1);
    fclose (f2);
}
```

（3）阅读程序，写出程序的功能。

```
#include <stdio.h>
#include <stdlib.h>
int main()
{
    FILE * fp;
    int n=0;
    char ch;
    if((fp=fopen("fname.txt","r"))==NULL)
    {
        printf("打开文件失败");
        exit(0);
```

```
    }
    while( !feof(fp))
    {
        ch=fgetc(fp);
        if(ch==' ')
            n++;
    }
    printf("b=%d\n",n);
    fclose(fp);
}
```

(4) 阅读程序,写出程序的功能。

```
#include <stdio.h>
#include <stdlib.h>
int main()
{
    FILE * f1, * f2;
    int k;
    if ((f1=fopen("c:\tc\pl.c","r"))==NULL)
    {
        printf("打开文件失败\n");
        exit(0);
    }
    if((f2=fopen("a:\pl.c","w"))==NULL)
    {
        printf("打开文件失败\n");
        exit(0);
    }
    for(k=1;k<=1000;k++)
    {
        if(!feof(f1))
          break;
        fputc( fgetc(f1), f2);
    }
    fclose(f1);
    fclose(f2);
}
```

(5) 假设在当前盘当前目录下有两个文本文件,其名称和内容如下:

文件名	a1.txt	a2.txt
内容	121314#	252627#

写出下列程序的运行结果。

```
#include <stdio.h>
#include <stdlib.h>
void fc (FILE * fp1);
int main ()
```

```
{
    FILE * fp;
    if((fp=fopen ("a1.txt","r"))==NULL)
    {
        printf ("打开文件失败\n");
        exit(0);
    }
    else
    {
        fc(fp);
        fclose (fp);
    }
    if((fp=fopen ("a2.txt","r"))==NULL)
    {
        printf ("打开文件失败\n");
        exit(0);
    }
    else
    {
        fc(fp);
        fclose(fp);
    }
}
void fc (FILE * fp1)
{
    char c;
    while((c=fgetc (fp1)) !='#')
        putchar(c);
}
```

(6) 写出下列程序的运行结果。

```
#include <stdio.h>
#include <stdlib.h>
int main()
{
    FILE * fp; int i;
    char s1[80],s[]="abcdefghijklmnop";
    if((fp=fopen("alf.dat","wb+"))==NULL)
    {
        printf ("打开文件失败\n");
        exit(0);
    }
    i=sizeof(s);
    fwrite(s,i,1,fp);
    rewind(fp);
```

```
        fread(s1,i,1,fp);
        printf("all=%s\n",s1);
        fseek(fp,0,0);
        printf("seek1 ch=%c\n",fgetc(fp));
        fseek(fp,10,1);
        printf("seek2 ch=%c\n",fgetc(fp));
        fseek(fp,1,1);
        printf("seek3 ch=%c\n",fgetc(fp));
        fclose(fp);
    }
```

4. 程序设计题

(1) 编写一个程序,使之能从键盘输入 200 个字符,存入名为 f1.txt 的磁盘文件中。

(2) 设计一个能够复制文本文件的程序,使源文件名和目标文件名随程序执行时输入。

(3) 编写一个程序,使之能从第(2)题中建立的名为 f1.txt 的磁盘文件中读取 120 个字符,并显示在屏幕上。

(4) 编写一个程序,使之能将磁盘中当前目录下名为 cow1.txt 的文本文件复制在同一目录下,文件名改为 cow2.txt。

(5) 编写一个程序,使之能把文件 d1.dat 复制到文件 d2.dat 中,要求仅复制 d1.dat 中的英文字符。

(6) 编写一个程序,使之能把文件 d1.dat 复制到文件 d2.dat(其中,空格字符不复制)。

(7) 编写一个程序,使之能把文件 d1.dat 复制到文件 d2.dat(其中,大写英文字母要转换为小写英文字母)。

(8) 编写一个程序,使之能把文件 d1.dat 复制到文件 d2.dat 中,要求仅复制文件 d1.dat 中除英文字符和数字以外的其他内容。

(9) 编写一个程序,使之能求出 1～100 的素数并顺序写入文件 su.dat。

(10) 编写一个程序,使之能将顺序文件 c.dat 每个记录包含学号(8 个字符)和成绩(3 位整数)两个数据项。从文件中读入学生成绩,将大于或等于 60 分的学生成绩再形成一个新的文件 score60.dat,保存在磁盘上,并显示出学生总人数、平均成绩和及格人数。

(11) 编写一个程序,使之能输入 100 名学生的信息(含学号、姓名、年龄、7 门课程成绩、总分),统计所有学生的总分数,然后存入磁盘二进制数据文件 student.dat 中;然后再读取该文件,找出总分最高的学生并输出该名学生的所有信息。

(12) 编写一个程序,使之能统计文本文件中单词的个数(所有单词均用空格分隔)。被统计文件的文件名可由键盘任意键输入。

(13) 有两个磁盘文件 f1.txt 和 f2.txt 各放一行字母,编写一个程序,使之能把这两个文件中的字母合并,按字母顺序排列后,输出到新文件 f3.txt 中去。

(14) 文件 dim.dat 中包含二维数组数据,已知二维数组每行有 5 个整型数(行数不定),请编写一个程序,使之能找出平均值最大的行,并输出该行行号和平均值。

第 3 部分　测　试　题

测试题一

1. 选择题(20×1 分=20 分)

(1) a 是 int 类型变量，c 是字符变量。下列输入语句中错误的是(　　)。

A. scanf("%d,%c",&a,&c);　　B. scanf("%d%c",a,c);

C. scanf("%d%c",&a,&c);　　D. scanf("d=%d,c=%c",&a,&c);

(2) 设有 int a=255,b=8;则 printf("%x,%o\n",a,b); 的输出的是(　　)。

A. 255,8　　B. ff,10

C. 0xff,010　　D. 输出格式错

(3) 下列语句应将小写英文字母转换为大写英文字母，其中正确的是(　　)。

A. if(ch>='a'&ch<='z') ch=ch+32;

B. if(ch>='a'&&ch<='z')ch=ch-32;

C. ch=(ch>='a'&&ch<='z')? ch+32:ch;

D. ch=(ch>'a'&&ch<'z')? ch-32:ch;

(4) 下列各语句序列中，能够将变量 u、s 中最大值赋值到变量 t 中的是(　　)。

A. if(u>s)t=u; t=s;　　B. t=s; if(u>s)t=u;

C. if(u>s)t=s; else t=u;　　D. t=u; if(u>s)t=s;

(5) for(x=0,y=0;(y!=123)||(x<4); x++); 循环语句的循环执行(　　)。

A. 无限次　　B. 不确定次　　C. 4 次　　D. 3 次

(6) 下列语句中与 while(1){if(i>=100)break;s+=i;i++;}语句功能相同的是(　　)。

A. for(;i<100;i++) s=s+i;　　B. for(;i<100;i++;s=s+i);

C. for(;i<=100;i++) s+=i;　　D. for(;i>=100;i++;s=s+i);

(7) 合法的数组定义是(　　)。

A. int a[3][ ]={0,1,2,3,4,5};　　B. int a[ ][3]={0,1,2,3,4};

C. int a[2][3]={0,1,2,3,4,5,6};　　D. int a[2][3]={0,1,2,3,4,5,};

(8) 数组定义为 int a[3][2]={1,2,3,4,5,6},值为 6 的数组元素是(　　)。

A. a[3][2]　　B. a[2][1]　　C. a[1][2]　　D. a[2][3]

(9) 设有如下定义,则正确的叙述为(　　)。

```
char x[ ]="abcdefg ";
char y[ ]={'a','b','c','d','e','f','g'};
```

A. 数组 x 和数组 y 等价　　　　B. 数组 x 和数组 y 长度相同

C. 数组 x 的长度大于数组 y 的长度　　　　D. 数组 x 的长度小于数组 y 的长度

(10) 在 C 语言程序中,有关函数的定义正确的是(　　)。

A. 函数的定义可以嵌套,但函数的调用不可以嵌套

B. 函数的定义不可以嵌套,但函数的调用可以嵌套

C. 函数的定义和函数的调用均不可以嵌套

D. 函数的定义和函数的调用均可以嵌套

(11) 能把函数处理结果的两个数据返回给 main()函数,在下面的方法中不正确的是(　　)。

A. return 这两个数　　　　B. 形参用两个元素的数组

C. 形参用两个这种数据类型的指针　　　　D. 用两个全局变量

(12) 对于以下递归函数 f,调用 f(4),其返回值为(　　)。

```
int f(int n)
{   if(n) return f(n-1)+n;
    else return n;
}
```

A. 10　　B. 4　　C. 0　　D. 以上均不是

(13) 假如指针 p 已经指向变量 x,则 &*p 相当于(　　)。

A. x　　B. *p　　C. &x　　D. **p

(14) 设有二维数组定义如下,则不正确的元素引用是(　　)。

```
int a[3][4]={1,2,3,4,5,6,7,8,9,10,11,12};
```

A. a[2][3]　　　　B. a[a[0][0]][1]

C. a[7]　　　　D. a[2]['c'-'a']

(15) 设有语句 int a=3;,则执行了语句 a+=a-=a*a;后,变量 a 的值是(　　)。

A. 3　　B. 0　　C. 9　　D. -12

(16) 若有定义 int a[3][4],*p,*q[3];且 0≤i<3,则错误的赋值语句是(　　)。

A. p=a　　　　B. q[i]=a[i]

C. p=a[i]　　　　D. q[i]=&a[2][0]

(17) 定义如下变量和数组:

```
int i;
int x[3][3]={1,2,3,4,5,6,7,8,9};
```

则下面语句的输出结果是(　　)。

```
for (i=0;i<3;i++) printf("%d,",x[i][2-i]);
```

A. 1,5,9,　　B. 1,4,7,　　C. 3,5,7,　　D. 3,6,9,

(18) 若有定义：char s[20]="programming", * ps=s,则不能代表字符'o'的表达式是(　　)。

A. ps+2　　B. s[2]　　C. ps[2]　　D. ps+=2, * ps

(19) 设 x 和 y 均为 int 型变量,则执行下面的循环语句后,y 的值为(　　)。

```
for(y=1,x=1;y<=50;y++)
{
    if(x>=10 ) break;
    if(x%2==1) {x+=5;continue;}
    x-=3;
}
```

A. 2　　B. 4　　C. 6　　D. 8

(20) 函数的功能是交换 x 和 y 中的值,且通过正确调用返回交换结果。不能正确执行此功能的函数是(　　)。

A.

```
void funa(int * x, int * y)
{   int i, * p=&i;
    * p= * x;  * x= * y; * y= * p;
}
```

B.

```
void funa(int x, int y)
{ int t;
  t=x; x=y; y=t;
}
```

C.

```
void funa( int * x, int * y)
{   int p;
    p= * x; * x= * y; * y=p;
}
```

D.

```
void funa (int * x, int * y)
{
    * x= * x+  * y; * y= * x- * y;
    * x= * x- * y;
}
```

2. 填空题(10×1 分=10 分)

(1) 在 C 语言中,标识符的定义规则是________。

(2) 三种循环语句是________价的。

(3) 下列程序的功能是输入一个正整数,判断是否能被 3 或 7 整除,若能整除,输出"YES",若不能整除,输出"NO"。请为程序填空。

```
#include <stdio.h>
int main()
{   int k;
    scanf ("%d", &k);
    if(________)printf("YES\n"); else printf ("NO\n");
    return 0;
}
```

(4) 设 i、j、k 均为 int 型变量,则执行完下面的 for 循环语句后,k 的值为________。

```
for(i=0,j=10; i<=j; i++,j--)  k=i+j;
```

(5) 数学表达式20<x<30或x<-100对应的C语言表达式是________。

(6) 下面程序的功能是输出数组s中最大元素的下标,请填空。

```
#include <stdio.h>
int main()
{   int k, p;
    int s[ ]={1,-9,7,2,-10,3};
    for(p=0,k=p; p<6; p++)  if(s[p]>s[k]) ________;
    printf("%d\n", k);
    return 0;
}
```

(7) 函数的参数为char *类型时,形参与实参结合的传递方式为________。

(8) 指向同一个数组不同元素的两个指针变量可以进行减法运算和________运算。

(9) change()函数定义如下,若a=10,b=5,执行change(a,b)后a、b的值分别为________。

```
void change(int a,int b){ int t=0; t=a; a=b; b=t;}
```

(10) 设有以下定义和语句,则 **(p+1)的值为________。

```
int a[2][3]={10,20,30,40,50,60}, (*p)[3];
p=a;
```

3. 读程序写结果(6×5分=30分)

(1) 阅读程序,写出程序的运行结果。

```
#include <stdio.h>
int main()
{   int k,a=1,b=2;
    k=(a++==b)?2:3;
    printf("%d",k);
    return 0;
}
```

(2) 阅读程序,写出程序的运行结果。

```
#include <stdio.h>
int main ()
{   int a=10, b=4, c=3;
    if(a<b) a=b;
    if(a<c) a=c;
    printf("%d, %d, %d\n", a, b, c);
    return 0;
}
```

(3) 阅读程序,写出程序的运行结果。

```
#include <stdio.h>
```

```
int main()
{   static int a[ ][3]={9,7,5,3,1,2,4,6,8};
    int i, j, s1=0, s2=0;
    for(i=0; i<3; i++)
        for(j=0; j<3; j++)
        {   if(i==j )   s1=s1+a[i][j];
            if(i+j==2)  s2=s2+a[i][j];
        }
    printf( "%d\n%d\n ", s1, s2);
    return 0;
}
```

(4) 阅读程序，写出程序的运行结果。

```
#include <stdio.h>
#define C 5
int x=1,y=C;
int main()
{   int x;
    x=y++; printf("%d %d\n", x,y);
    if(x>4) { int x; x=++y; printf("%d %d\n",x,y);   }
    x+=y--;
    printf("%d %d\n",x,y);
    return 0;
}
```

(5) 阅读程序，写出程序的运行结果。

```
#include <stdio.h>
int main()
{   char s[]="student";
    printf("%s\n",s+2);
    return 0;
}
```

(6) 阅读程序，写出程序的运行结果。

```
#include <stdio.h>
void Func();
int main()
{
    int i;
    for(i=0; i<2; i++)  Func();
    return 0;
}
void Func()
{
    int times=1;
    printf("%d \n",times++);
}
```

4. 程序填空(10×2 分=20 分)

(1) 下列程序的功能是以每行 10 个数据的形式输出数组 a,请填空。

```
#include <stdio.h>
int main()
{   int a[50],i;
    printf( "输入 50 个整数: ");
    for(i=0; i<50; i++)  scanf( "%d ",____①____);
    for(i=1; i<=50; i++)
    {   if(____②____)
            printf( "%3d\n", ____③____);
        else
        printf( "%3d ",a[i-1]);
    }
    return 0;
}
```

(2) 下列程序的功能是输入一个正整数,判断它是否是素数,若为素数则输出 1;否则输出 0,请填空。

```
#include <stdio.h>
int main()
{   int i, x, y=1;
    scanf("%d", &x);
    for(i=2; i<=x/2; i++)
        if(____④____) { y=0; break; }
    printf("%d\n",y);
    return 0;
}
```

(3) 下列程序的功能是计算并输出方程 $X^2+Y^2+Z^2=1989$ 的所有整数解,请填空。

```
#include <stdio.h>
int main()
{   ____⑤____
    for(i=-45;i<=45;i++)
        for(____⑥____)
            for(k=-45;k<=45;k++)
                if(____⑦____)
                    printf(____⑧____i,j,k);
    return 0;
}
```

(4) 下列程序的功能是将一个字符串 str 的内容颠倒过来,请填空。

```
#include <stdio.h>
#include<string.h>
int main()
{   int i, j,____⑨____;
```

```c
    char str[ ]="1234567";
    for(i=0, j=strlen(str)-1; ____⑩____; i++, j--)      //头尾交换,直到中间
    { k=str[i]; str[i]=str[j]; str[j]=k; }
    return 0;
}
```

5. 程序设计(2×10分=20分)

(1) 编写一个程序,求斐波那契(Fibonacci)序列：1,1,2,3,5,8,…。请输出前20项。序列满足关系式：

$$F_n = F_{n-1} + F_{n-2}$$

(2) 编写一个程序,使之能从键盘输入一个正整数n,计算该数的各位数字之和并输出。例如,输入数是5246,则计算：5+2+4+6=17并输出。

测试题二

1. 选择题(20×1分=20分)

(1) 下面程序段的执行结果是(   )。

```c
int x=0; s=0;
while(!x!=0) s+=x++;
printf("%d", s);
```

A. 1　　B. 0　　C. 无限循环　　D. 语法错误

(2) 在C语言中,下列说法中正确的是(   )。

A. 不能使用"do语句 while(条件)"的循环

B. "do语句 while(条件)"的循环必须使用break语句退出循环

C. "do语句 while(条件)"的循环中,当条件为非0时将结束循环

D. "do语句 while(条件)"的循环中,当条件为0时将结束循环

(3) 在C语言的语句中,用来决定分支流程的表达式是(   )。

A. 可用任意表达式　　B. 只能用逻辑表达式或关系表达式

C. 只能用逻辑表达式　　D. 只能用关系表达式

(4) 合法的数组定义是(   )。

A. int a[5]={0,1,2,3,4,5};　　B. int a[ ]={0,1,2,3,4,5};

C. int n=5,a[n]={0,1,2,3,4};　　D. int a[5];a[5]={0,1,2,3,4};

(5) 下列语句中,正确的是(   )。

A. char a[3][ ]={'abc','1'};　　B. char a[ ][3]={'a'c','1'};

C. char a[3][ ]={'a',"1"};　　D. char a[ ][3]={"a","1"};

(6) 下列各语句序列中,能够将变量u、s中最小值赋值到变量t中的是(   )。

A. if(u>s)t=u; t=s;　　B. t=s; if(u>s)t=u;

C. if(u>s)t=u; else t=s;　　D. t=u; if(u>s)t=s;

(7) 若有以下定义,则数值为4的表达式是(　　)。

```
int w[4][3]={{0,1},{2,4},{0,1},{0,1}}, (*p)[3]=w;
```

A. * w[1]+1　　B. p++, *(p+1)
C. w[2][2]　　D. p[1][1]

(8) 假定a和b为int型变量,则执行以下语句后b的值为(　　)。

```
a=1;b=10;
do { b-=a;a++;}
while (b--<0);
```

A. 9　　B. −2　　C. −1　　D. 8

(9) 设x和y均为int型变量,则执行下面的循环后,y的值为(　　)。

```
int x=5, y=0;
do {
    if(x%2) continue;
    else y+=x;
}while(--x);
```

A. 15　　B. 9　　C. 6　　D. 以上均不是

(10) 与语句 while(i>=0&&i<=10) {if(i++==5)continue; printf("%f\n", 1.0/(i−6));}功能相同的是(　　)。

A. for(;i>=0&&i<=10;i++) if(i!=5) printf("%f\n",1.0/(i−5));
B. for(;i>=0&&i<=10;i++) if(i==5) printf("%f\n",1.0/(i−5));
C. for(;i>=0&&i<=10;i++) if(i!=5) printf("%f\n",1.0/(i−5)); else break;
D. for(;i<=0&&i>=10;i++) if(i!=5) printf("%f\n",1.0/(i−5));

(11) 下列说法中正确的是(　　)。

A. C语言程序由主函数和0个或多个函数组成
B. C语言程序由主程序和子程序组成
C. C语言程序由子程序组成
D. C语言程序由过程组成

(12) 下列说法中错误的是(　　)。

A. 主函数可以分为两个部分:主函数说明和主函数体
B. 主函数可以调用任何非主函数的其他函数
C. 任何非主函数可以调用其他任何非主函数
D. 程序可以从任何非主函数开始执行

(13) 设有int i=010,j=10;,则printf("%d,%d\n",++i,j−−);的输出的是(　　)。

A. 11,10　　B. 9,10　　C. 010,9　　D. 10,9

(14) 设a、b为字符型变量,执行scanf("a=%c,b=%c",&a,&b);后使a为'A',b为'B',从键盘上的正确输入是(　　)。

A. 'A''B'　　B. 'A','B'　　C. A=A,B=B　　D. a=A,b=B

(15) 下列各语句序列中，仅输出整型变量 a、b 中最大值的是(　　)。

A. if(a>b) printf("%d\n",a); printf("%d\n",b);

B. printf("%d\n",b); if(a>b) printf("%d\n",a);

C. if(a>b) printf("%d\n",a); else printf("%d\n",b);

D. if(a<b) printf("%d\n",a); printf("%d\n",b);

(16) 以下程序的输出结果是(　　)。

```
void fun(int a, int b, int c)
{  c=a*b;  }
int main()
{   int c;
    fun(2,3,c);
    printf("%d\n", c);
    return 0;
}
```

A. 0　　　B. 4　　　C. 6　　　D. 无法确定

(17) 下列定义的字符数组中，语句 printf("%s\n",str[2]);的输出是(　　)。

```
char str[3][20]={ "basic ", "foxpro ", "windows "};
```

A. basic　　　B. foxpro　　　C. windows　　　D. 输出语句出错

(18) 对于以下递归函数 f，调用 f(4)，其返回值为(　　)。

```
int f(int n)
{   if(n==0||n==1)   return n+2;
    else  return f(n-1)+ f(n-2);
}
```

A. 6　　　B. 13　　　C. 18　　　D. 以上均不是

(19) 有一函数的定义为 void fun(char *s) {…}，则不正确的函数调用是(　　)。

A.

```
int main()
{   char s[20]= "abcdefgh";
    fun(s);
    ⋮
}
```

B.

```
int main()
{   char a[20]= "abcdefgh";
    fun(&a[0]);
    ⋮
}
```

C.

```
int main()
{   char s[20]= "abcdefgh";
    char *p= s;  fun(p);
    ⋮
}
```

D.

```
int main()
{   char s[20]= "abcdefgh";
    fun(s[]);
    ⋮
}
```

(20) 假如指针 p 已经指向某个整型变量 x，则(*p)++相当于(　　)。

A. p++　　　B. x++　　　C. *(p++)　　　D. &x++

2. 填空题(10×1 分=10 分)

(1) 如定义语句为 char a[ ]="windows",b[ ]="95";,printf("%s",strcat(a,b));语句的输出结果为________。

(2) 有 int a=3,b=4,c=5;,则表达式!(a+b)+c−1&&b+c/2 的值为________。

(3) 在C语言中,表示逻辑“真”值用________。

(4) 设 y 为 int 型变量,请写出描述“y 是奇数”的表达式________。

(5) 有 int x,y,z; 且 x=3,y=−4,z=5,则表达式 x++−y+(++z)的值为________。

(6) 有 int a=3,b=4,c=5;,则表达式 a||b+c&&b==c 的值为________。

(7) m 是两位数的整型变量,能判断其个位数是奇数而十位数是偶数的逻辑表达式为________。

(8) 设 x、y、z 均为 int 型变量,请写出描述“x 或 y 中有一个小于 z”的表达式________。

(9) 以下程序的运行结果是________。

```
#include <stdio.h>
void swap(int * a, int * b)  {  int * t;   t=a;   a=b;    b=t;  }
int main()
{  int i=3, j=5, * p=&i, * q=&j; swap(p,q);  printf("%d %d\n", * p, * q); return 0;}
```

(10) 下列函数用于判断字符 c 是否在字符串 s 中出现,请填空。

```
int f(char * s, char c)
{   for(; ________)
        if(c== * s) break;
    return(c== * s);
}
```

3. 读程序写结果(6×5 分=30 分)

(1) 阅读程序,写出程序的运行结果。

```
#include <stdio.h>
int main()
{   int x=1, y=0,a=0,b=0;
    switch(x)
    {case 1:
        switch(y)
        {case 0: a++; break;
         case 1: b++; break;
        }
    case 2:
        a++; b++; break;
    }
    printf("a=%d,b=%d",a,b);
    return 0;
}
```

(2) 写出当从键盘输入 18 并按 Enter 键后，下面程序的运行结果。

```
#include <stdio.h>
int main()
{   int x,y,i,a[8],j,u,v;
    scanf("%d",&x);
    y=x;i=0;
    do
    {   u=y/2;
        a[i]=y%2;
        i++;y=u;
    }while(y>=1);
    for(j=i-1;j>=0;j--)
      printf("%d",a[j]);
      return 0;
}
```

(3) 若输入一个整数 10，写出下列程序的运行结果。

```
#include <stdio.h>
int sub(int a)
{   int c;
    c=a%2;
    return c;
}
int main()
{   int a,e[10],c,i=0;
    scanf("%d",&a);
    while(a!=0)
    {   c=sub(a);
        a=a/2;
        e[i]=c;
        i++
    }
    for(;i>0;i--) printf("%d",e[i-1]);
    return 0;
}
```

(4) 阅读程序，写出程序的运行结果。

```
#include <stdio.h>
int fun3(int m)
{   int i;
    if(m==2||m==3) return 1;
    if(m<2||m%2==0) return 0;
    for(i=3;i<m;i=i+2) if(m%i==0)return 0;
    return 1;
```

```
}
int main()
{   int n;
    for(n=1;n<10;n++)
        if(fun3(n)==1) printf("%2d ", n);
    return 0;
}
```

(5) 阅读程序,写出程序的运行结果。

```
#include <stdio.h>
int main()
{   int a=5, * p1, * * p2;
    p1=&a,p2=&p1;
    ( * p1)++;
    printf("%d\n", * * p2);
    return 0;
}
```

(6) 阅读程序,写出程序的运行结果。

```
#include <stdio.h>
int binary(int x,int a[ ],int n)
{   int low=0,high=n-1,mid;
    while(low<=high)
    {   mid=(low+high)/2;
        if(x>a[mid]) high=mid-1;
        else if(x<a[mid]) low=mid+1;
        else return(mid);
    }
    return(-1);
}
int main()
{   static int a[]={4,0,2,3,1};
    int i,t,j;
    for(i=1;i<5;i++)
    {  t=a[i]; j=i-1;
        while(j>=0&&t>a[j])
        {a[j+1]=a[j];
         j--;
        }
        a[j+1]=t;
    }
   printf ("%d \n",binary(3,a,5));
   return 0;
}
```

4. 程序填空（10×2 分＝20 分）

(1) 下面程序的功能是将一个字符串 str 的内容颠倒过来，请填空。

```
#include <stdio.h>
#include<string.h>
int main()
{   int i, j, ___①___;
    char  str[ ]="1234567";
    for(i=0, j=strlen(str)-1; ___②___; i++, j--)
    { k=str[i]; str[i]=str[j]; str[j]=k; }
    return 0;
}
```

(2) 以下程序用于计算某年某月有几天。其中，判别闰年的条件是能被 4 整除但不能被 100 整除的年是闰年，能被 400 整除的年也是闰年。

```
#include <stdio.h>
int main()
{
  int yy,mm,len;
  printf("year,month=");
  scanf("%d %d",&yy,&mm);
  switch(mm)
  {
    case 1:case 3:case 5:case 7:
    case 8:case 10:case 12: ___③___; break;
    case 4:case 6:case 9:case 11:len=30;break;
    case 2:
    if(yy%4==0&&yy%100!=0||yy%400==0) ___④___;
    else len=28;
    break;
    default:printf("input error");
            break;
  }
  printf("the lenth of %d %d is %d\n",yy,mm,len);
  return 0;
}
```

(3) 下列程序的功能是用插入法对数组 a 进行降序排序。请填空。

```
#include <stdio.h>
int main()
{ int a[5]={4,7,2,5,1};
  int i,j,m;
  for(i=1;i<5;i++)
  {
```

```
        m=a[i];
        j= ___⑤___ ;
        while(j>=0&&m>a[j])
        {___⑥___;
          j--;
        }
            ___⑦___ =m;
      }
      for(i=0;i<5;i++)
        printf("%d",a[i]);
      printf("\n");
      return 0;
    }
```

(4) 下面程序的功能是输入一个正整数,判断是否能被 3 或 7 整除,若能整除,输出“YES”,若不能整除,输出“NO”。请填空。

```
#include <stdio.h>
int main()
{   int k;
    scanf ("%d", &k);
    if(___⑧___) printf("YES\n"); else printf ("NO\n");
    return 0;
}
```

(5) 以下程序从输入的 10 个字符串中找出最长的那个串及长度。请填空。

```
#include <stdio.h>
#include <string.h>
int main()
{   char str[10][80], * sp; int i;
    for(i=0;i<10;i++) gets(str[i]);
    sp=str[0];
    for(i=0;i<10;i++) if(strlen(sp)<strlen(str[i])) ___⑨___;
    printf("输出最长的那个串: %s\n", sp  );
    printf("输出最长的那个串的长度: %d\n",  ___⑩___ );
}
```

5. 程序设计(20 分)

(1) (10 分)编写一个能判断一个整数是不是素数的函数,并用它求出 3～100 的所有素数。

(2) (10 分)编写一个程序,使之能求出所有各位数字的立方和等于 1099 的 3 位整数。

附录A　习题答案

习题一　顺序结构程序设计

1. 单项选择题

(1) C　(2) B　(3) B　(4) A　(5) A　(6) C
(7) C　(8) B　(9) B　(10) A　(11) D

2. 填空题

(1) ① 顺序　② 选择　③ 循环
(2) ① %d %d　② a,b
　③ %f%f　④ x,y
　⑤ %c%c　⑥ c1,c2
(3) ① 编辑　② 编译　③ 连接
(4) 由字母、数字、下画线组成,第一个字符必须是字母或下画线
(5) ① 1　② 主　③ 主

3. 程序题

(1)

```
#include<stdio.h>
int main()
{
    int a=3,b=4,c=5;
    long int u=51274,n=128765;
    float x=1.2f,y=2.4f,z=-3.6f;
    char c1='a',c2='b';
    printf("a=%2d  b=%2d  c=%2d\n",a,b,c);
    printf("x=%f,y=%f,z=%f\n",x,y,z);
    printf("x+y=%5.2f  y+z=%5.2f  z+x=%5.2f\n",x+y,y+z,z+x);
    printf("u=%6ld  n=%9ld\n",u,n);
    printf("%s %s %d%s\n","c1='a'","or",c1,"(ASCII)");
    printf("%s %s %d%s\n","c2='b'","or",c2,"(ASCII)");
```

```
    return 0;
}
```

(2)

```
#include<stdio.h>
int main()
{
    int a,b;
    float x,y;
    char c1,c2;
    scanf("a=%d b=%d",&a,&b);
    scanf(" x=%f y=%e",&x,&y);
    scanf(" c1=%c c2=%c",&c1,&c2);
    printf("%d,%d\n",a,b);
    printf("%f,%e\n",x,y);
    printf("%c,%c\n",c1,c2);
    return 0;
}
```

输入方法如下：

a=3□b=7□x=8.5□y=71.82□c1=B□c2=b

(3)

```
#include<stdio.h>
int main()
{
    int  num;
    printf("请输入一个不大于 15 的整数:");
    scanf("%d",&num);
    printf("%d 的八进制形式为%4o\n",num,num);
    printf("%d 的十六进制形式为%4x\n",num,num);
    return 0;
}
```

(4)

```
#include<stdio.h>
#define PI 3.1415f
int main()
{
    float r, Sa,Va;
    printf("请输入圆的半径:");
    scanf("%f",&r);
    Sa=4 * PI * r * r;                    //计算圆的表面积
    Va=4 * PI * r * r * r/3;              //计算圆球的体积
```

```
    printf("圆球表面积 Sa=%.2f\n",Sa);
    printf("圆球体积   Va=%.2f\n",Va);
    return 0;
}
```

(5)

```
#include<stdio.h>
int main()
{
    float F,c;
    scanf("%f",&F);
    c=5*(F-32)/9;
    printf("输入的华氏温度为:%.2f,则摄氏温度为%.2f",f,c);
    return 0;
}
```

(6)

```
#include<stdio.h>
#include<math.h>
int main()
{
    float a,b,c,s,area;
    printf("请输入三角形的三边:");
    scanf("%f,%f,%f",&a,&b,&c);
    s=(a+b+c)/2.0;
    area=sqrt(s*(s-a)*(s-b)*(s-c));
    printf("三角形的三边为: %7.2f, %7.2f, %7.2f\n",a,b,c);
    printf("三角形的面积为: %7.2f\n",area);
    return 0;
}
```

习题二 选择结构

1. 单项选择题

(1) A (2) B (3) C (4) C (5) B (6) D (7) B

2. 填空题

(1) 26,13,19
(2) if(a>b) {y= 2; printf("***y=%d\n",y); } else{x=1; printf("***x=%d\n",x); }
(3) (k%3==0) || (k%7==0)

3. 程序分析题

(1) 10, 4, 3 (2) −1 (3) 3 (4) 6, 4, 1, 1, 1

4. 程序设计题

(1)

```
#include <stdio.h>
int main()
{     float x, y;
      printf("输入数 x:  \n");
      scanf("%f", &x);
      if (x<=1)  y=x;
      else if (1<x && x<10)  y=2*x-1;
         else  y=3*x -11;
      printf("y=%f\n",y);
      return 0;
}
```

(2)

```
#include<stdio.h>
int main()
{     float x, y, z, t;
      printf("输入三个单精度数 x, y, z:  \n");
      scanf("%f,%f,%f", &x,&y,&z);
      t=x;
      if(y<t)  t=y;
      if(z<t)  t=z;
      printf("其中最小数=%f\n",t);
      return 0;
}
```

习题三　循环结构

1. 单项选择题

(1) A	(2) B	(3) A	(4) A	(5) A	(6) D	(7) A
(8) A	(9) C	(10) C	(11) B	(12) D	(13) C	(14) D
(15) C	(16) C	(17) A	(18) A	(19) D	(20) A	

2. 填空题

(1) 当型
(2) ① switch　② 循环
(3) 结束本次循环
(4) 0
(5) 2
(6) 30,0
(7) ① 不能　　　　　② s没有初始为0
(8) ① 不能计算10阶乘　② i<10，且int i不能表示10阶乘

(9) 10

(10) x % i==0

(11) ① "%d%d",&m,&n　　② gbs%n!=0;

③ m * n/gbs;　　④ printf("gbs=%d gys=%d",gbs,gys);

(12) ① int i,n;　　② min=nol;

③ &nox　　④ min=nox;

(13) ① int s1=0,s2=0;　　② ch=getchar()

③ ch>='A'&&ch<='Z'　　④ printf("%d\t%d\n",s1,s2);

(14) ① #include<stdio.h>　　② m,n,jc=1;

③ "%d",&m　　④ n-2

(15) ① int i,j,k;　　② j=-45;j<=45;j++

③ i * i+j * j+k * k==1989　　④ "%d,%d,%d"

3. 程序分析题

(1) 8 5 2　　(2) 3 1 -1　　(3) k=8

(4) ABABCDCD　　(5) SUM=2468

(6)
```
7777777
 55555
  333
   1
```

4. 程序设计题

(1)

```
#include<stdio.h>
  int main()
  {  int  i, j, k;
     for(i=1; i<=9; i++)                  //百位数
       for(j=0; j<=9; j++)                //十位数
               for(k=0; k<=9; k++)        //个位数
            if( i * i * i+j * j * j+k * k * k==1099)
          printf("各位数字的立方和等于 1099 的整数是: %d\n",i * 100+j * 10+k);
     return 0;
  }
```

(2)

```
#include<stdio.h>
  int main()
  {  int i, t, f1=1, f2=1;
     printf("%d %d", f1,f2);
```

```
    for(i=3; i<=20; i++)
    {
        t=f1+f2;   printf("%d", t);        //求出新的数
        f1=f2;  f2=t;                      //对 f1 和 f2 更新
    }
    return 0;
}
```

(3)

```
#include<stdio.h>
#include<math.h>
#define  eps  1e-5
int main()
{  int s=1;                                  //s为符号变量
   float item=1.0, pi=0, n=1.0;              //item存放每一项值,n存放每一项分母
   while(fabs(item)>=eps)
   {
     pi=pi+item;                             //pi存放级数累加和
     n=n+2;  s=-s;                           //改变分母值和符号变反
     item=s/n;                               //求下一项
   }
   pi=4*pi;
   printf("pi=%8.6f", pi);
   return 0;
}
```

(4) 解一:

```
#include<stdio.h>
int main()
{   int i, j, n;
    long int t=1,sum=0;                      //t存放每项阶乘值,sum存放累加和
    printf("input n:",&n);   scanf("%d",&n);
    for(i=1;i<=n;i++)
    {
        t=1;
        for(j=1;j<=i;j++)                    //求 i!值
            t=t*j;
        sum=sum+t;
    }
    printf("n!=%ld",sum);
    return 0;
}
```

解二:按提示 n!=n(n−1)!,以下程序效率更高。

```
#include<stdio.h>
int main()
```

```
{   int i, n;
    long int t=1,sum=0;                          //t存放每项阶乘值,sum存放累加和
    printf("input n:",&n);   scanf("%d",&n);
    for(i=1;i<=n;i++)
    {
        t=t*i;                                   //前一项(i-1)!乘 i, 得 i!值
        sum=sum+t;
    }
    printf("n!=%ld",sum);
    return 0;
}
```

(5)

```
#include<stdio.h>
int main()
{  int t=1, i=1;  double e=1, x=1;
   while(x>1e-6)
 {
     t=t*i;
     x=1.0/t;  e=e+x;   i++;
   }
   printf("e=%f\n", e);
   return 0;
}
```

(6)

```
#include<stdio.h>
int main()
{   int r=1;
    double x=1, y=0;
    while(x>1e-6)
    {
        x=1.0/(r*r+1);
        y=y+x;
        r++;
    }
    printf("y=%f\n",y);
    return 0;
}
```

(7)

```
#include<stdio.h>
int main()
{   int i;
    for(i=0x20; i<=0x6F;i++)
      printf("十进制数值=%d, 对应字符=%c\n", i, i);
    return 0;
}
```

(8)

```
#include<stdio.h>
int main()
{   int i,a,b,c;
    for(a=6;a<=10000;a++)
    {
      b=c=1;
      for(i=2;i<=a/2;i++)
          if(a%i==0)  b=b+i;
      for(i=2;i<=b/2;i++)
          if(b%i==0)  c=c+i;
      if(a==c&&a!=b)
          printf("%6d,%6d\n",a,b);
    }
    return 0;
}
```

(9)

```
#include<stdio.h>
int main()
{   int m, n, a, b, r, t;
    printf("输入两个正整数: ");
    scanf("%d,%d",&m, &n);
    a=m; b=n;
    if (m>0 && n>0)
    {
        if(m<n) {t=m; m=n; n=t; }
        r=m%n;
        while(r!=0)
        {
            m=n; n=r; r=m%n;
        }
        printf("%d和%d的最大公约数为%d\n", a, b, n);
        printf("%d和%d的最小公倍数为%d\n", a, b, a*b/n);
    }
    else printf("输入了负数!\n");
    return 0;
}
```

(10)

```
#include<stdio.h>
int main()
{   int a, n, s, i, t;
    printf("输入a和n的值: ");
    scanf("%d,%d", &a, &n);
    printf("a=%d, n=%d:\n", a, n);
```

```
    t=a;                                    //t 表示每个项
    for(i=1, s=0; i<=n; i++)
    {
        s=s+t;                              //s 表示求和项
        t=t * 10+a;                         //计算下一项
    }
    printf("a+aa+aaa+…+aa..a=%d\n", s);
    return 0;
}
```

(11)

```
#include<stdio.h>
int main()
{   int i, j, k, a;
    printf("水仙花数是: \n");
    for (i=1; i<=9; i++)
    for (j=0; j<=9; j++)
    for (k=0; k<=9; k++)
    {
        a=i * 100+j * 10+k;
        if(a==i * i * i+j * j * j+k * k * k)
        printf("%d\n", a);
    }
    return 0;
}
```

(12)

```
#include<stdio.h>
int main()
{   int n, s=0;
    printf("输入一个正整数: ");  scanf("%d",&n);
    do{   s+=n%10;
          n/=10;
      }while (n>0);
    printf("各位数之和是: %d\n", s);
    return 0;
}
```

(13) 设今天的桃子数为 y,昨天的桃子数为 x,则有:

$$y=x-(x/2+1) \qquad x=2*(y+1)$$

从第 10 天 y=1 起,求出 x,把 x 又当成今天(y=x),求昨天(x),这样向前推 9 天,即为第一天的桃子数。

```
#include<stdio.h>
int main()
{  int  i, x, y=1;
```

```
    for(i=1; i<10; i++)
    {  x=2*(y+1);
       y=x;
    }
    printf("第一天共摘下桃子数为: %d\n", x);
    return 0;
}
```

(14)

```
#include <stdio.h>
int main()
{   int x,y;
    for(x=-45;x<=45;x++)
    {
        for(y=-45;y<=45;y++)
        {
            if(x*x+y*y==1989) printf("%d*%d+%d*%d=%d\n",x,x,y,y,1989);
        }
    }
    return 0;
}
```

(15)

```
#include <stdio.h>
int main()
{   int i,j,s=1;
    for(i=1;i<=1000;i++)
    {
        s=1;
        for(j=2;j<=i/2;j++) if(i%j==0) s+=j;     //求i的因子和
        if(s==i)
        {
            printf("%d=1",i);                      //如果i是完数则输出其各因子
            for(j=2;j<=i/2;j++)
                if(i%j==0) printf("+%d",j);
            printf("\n");
        }
    }
    return 0;
}
```

(16)

```
#include <stdio.h>
int main()
{   int m,i=2;
```

```
    printf("请输入一个整数:"); scanf("%d",&m);
    while(m!=1)
        if(m%i==0)  { printf("%d  ",i); m/=i; }
        else  i++;
    printf("\n");
    return 0;
}
```

习题四　数　　组

1. 单项选择题

(1) B　(2) B　(3) A　(4) D　(5) A　(6) D　(7) D　(8) C
(9) C　(10) A　(11) B　(12) C　(13) C　(14) D　(15) C　(16) C

2. 填空题

(1) ① 类型　② 0　③ 越界　④ 整型表达式

(2) ① 连续　② 数组名　③ 地址

(3) ① 0　② 6

(4) ① 2　② 0　③ 0

(5) ① 'd'　② '\0'

(6) a[1]

(7) windows10

(8) wustcs

(9) 1

(10) 7

(11) #include<stdio.h>　#include<string.h>

(12) ① #include<math.h>　② scanf("%f",&a[i]);
　③ pjz/=20;　④ printf("%f,%f",pjz,t);

(13) ① &a[i]　② i%10==0　③ a[i-1]

(14) k=p

(15) ① &x　② a[i]　③ i--　④ i!=0

(16) ① k　② i<j

(17) ① 9-i　② i　③ 9　④ 0　⑤ i　⑥ (i!=j)&&(j!=(9-i))　⑦ printf("\n")

(18) ① 0　② 1　③ 65

(19) ① n%base　② n[d]

3. 程序分析题

(1) 该程序从键盘输入一行字符放在字符数组中,然后输出。

(2) 该程序从输入的 10 个字符串中找出最长的那个串,并显示该串及其长度。

(3) 该程序的功能是从键盘输入 10 个字符串,从小到大排序并输出。

(4) 输出 3×3 矩阵的主对角线和辅对角线的元素之和。输出结果:
　18 10

(5) 4 25 27 16

(6)
```
gabcdef
fgabcde
efgabcd
```

(7) *******

    *****

     ***

      *

(8) 1 0 2 2 5 7 13 20

(9) 12　6,1,2,7,4,5,8,3,0,

(10) 把矩阵 a 转置放到矩阵 b。

(11) *****

    *****

      *****

        *****

          *****

(12) 把 3×3 矩阵 a 和 b 对应元素相加到矩阵 c，输出矩阵 c。

(13) SWITCH * # WaMP *

4. 程序设计题

(1)

```
# include<stdio.h>
int main()
{   float a[10], x;
    int i;
    for(i=0; i<10; i++)
    scanf("%f", &a[i]);                              //输入单精度型一维数组 a[10]
    for(i=0, x=0;i<10; i++)   x=x+a[i];
    x=x/10.0;                                        //计算所有元素的平均值
    printf("平均值=%f\n", x);                         //输出平均值
    return 0;
}
```

(2)

```
#include<stdio.h>
int main()
{  int a[10],x,i;
   for(i=0; i<10; i++)  scanf("%d",&a[i]);
   for(i=0; i<5; i++)
     { x=a[i];  a[i]=a[9-i];  a[9-i]=x;}
   for(i=0; i<10; i++)   printf("%d", a[i]);
   printf("\n");
   return 0;
}
```

(3)

```
#include<stdio.h>
int main()
{   int i=0, len;
    char str[80] ="Happy";
    for(i=0;str[i]! ='\0'; i++)
        ;
    len=i;
    printf("len=%d\n",len);
    for(i=0;str[i]! ='\0';i++)
        putchar(str[i]);
    return 0;
}
```

(4)

```
#include<stdio.h>
#include<string.h>
int main()
{   char a[40], b[40], c[80];
    int i, j;
    printf("分两行输入两个字符串: \n");
    gets(a);  gets(b);
    for( i=0; a[i]! ='\0'; i++)   c[i]=a[i];
    for( j=0; b[j]! ='\0'; j++)   c[i+j]=b[j];
    c[i+j]='\0';
    puts(c);
    return 0;
}
```

(5)

```
#include<stdio.h>
int main()
{   int a[3][5], i, j, max, min, maxl, maxh, minl, minh;
    for (i=0; i<3; i++)
    for (j=0; j<5; j++)
      scanf("%d", &a[i][j]);
      max=min=a[0][0];
    for(i=0; i<3; i++)
    for (j=0; j<5; j++)
     {    if (a[i][j]>max) { max=a[i][j];  max1=i;  maxh=j; }
          if (a[i][j]<min) { min=a[i][j];   min1=i;  minh=j; }
     }
    printf ("最大值=%d,下标: %d行,%d列\n", max, max1, maxh);
    printf ("最小值=%d,下标: %d行,%d列\n", min, min1, minh);
```

```
    return 0;
}
```

(6)

```
#include<stdio.h>
#include<string.h>
int main()
{   char a[80];
    int i;
    gets(a);
    for(i=0; i<strlen(a); i++)
        if( a[i]>='A' && a[i]<='Z')   a[i]=a[i]+32;
        else  if( a[i]>='a' && a[i]<='z')  a[i]=a[i]-32;
    puts(a);
    return 0;
}
```

(7)

```
#include<stdio.h>
int main()
{      float a[50][3], vag[ ]={0,0,0};
       int i, j;
       printf("每人一行地输入 50 名学生的三种成绩\n");
       for(i=0; i<50; i++)
         for(j=0; j<3; j++)
           scanf("%f", &a[i][j]);
       for(j=0; j<3; j++)
         for(i=0; i<50; i++)
           vag[j]=vag[j]+a[i][j];
       for(j=0; j<3; j++)  vag[j]=vag[j]/50;
         printf("课程一的平均分=%f\n 课程二的平均分=%f\n
         课程三的平均分=%f\n", vag[0],vag[1],vag[2]);
       return 0;
}
```

(8)

```
#include<stdio.h>
int main()
{  int a[5], n, i=0;
   printf("输入一整数: \n");
   scanf("%d", &n);
   do {
        a[i]=n%10;  i++;  n=n/10;
   } while(n!=0);
   for(--i; i>0; --i)  printf("%d, ", a[i]);
```

```
    printf("%c\n", a[0]+48);
    return 0;
}
```

(9)

```
#include<stdio.h>
int main()
{   float a[3][3], max, min;
    int i, j, k, max_k, min_k, flag=0;
    for(i=0; i<3; i++)
        for(j=0; j<3; j++)  scanf( "%f", &a[i][j]);
    for(i=0; i<3; i++)
    {
        for(j=0; j<3; j++) printf("%f ", a[i][j]);
        printf( "\n ");
    }
    for(i=0; i<3; i++)
    {
        max=a[i][0];  max_k=0;
        for(j=1; j<3; j++)
        if(a[i][j]>max)  { max=a[i][j];  max_k=j;
    }
        min=a[0][max_k];  min_k=0;
        for(k=1; k<3; k++)
            if(a[k][max_k]<min)  { min=a[k][max_k];  min_k=k; }
        if(i==min_k)
        {
            flag=1;
            printf( "在%2d行,%2d列,鞍点是: %f\n", min_k+1, max_k+1, a[min_k][max_k]);
        }
    }
    if (! flag)  printf ("找不到鞍点\n");
    return 0;
}
```

(10)

```
#include<stdio.h>
#include<string.h>
int main()
{   char a[80];
    int i;
    gets(a);
    for (i=0; i<strlen(a); i++)
        if('A'<=a[i]&&a[i]<='Z')  a[i]=a[i]+3;
        else if('a'<=a[i]&&a[i]<='z')  a[i]=a[i]-3;
```

```
    puts(a);
    return 0;
}
```


(11)

```
#include<stdio.h>
#include<string.h>
int main()
{   char a[80];
    int i;
    gets(a);
    for (i=0; i<strlen(a); i++)
       if('A'<=(a[i]-3)&&(a[i]-3)<='Z')  a[i]=a[i]-3;
       else if('a'<=(a[i]+3)&&(a[i]+3)<='z')  a[i]=a[i]+3;
    puts(a);
    return 0;
}
```

(12)

```
#include<stdio.h>
#define N 15
int main()
{   int a[N];
    int i, t;
    int top=N-1, low=0, mid;
    for (i=0; i<N; i++) scanf ("%d",&a[i]);
    printf("数组是: \n");
    for(i=0; i<N; i++)  printf ("%d",a[i]);
    printf ("\n");
    printf("请输入要查找的数: "); scanf ("%d", &t);     //输入一个整数
    while(low<=top) {                                  //二分查找法
       mid=(top+low)/2;
       if(t==a[mid])  { printf("%d 位于数组中第%d 个数\n", t, mid+1); break; }
       else if(t>a[mid])  top=mid-1;                   //左边查找
       else low=mid+1;                                 //右边查找
    }
    if(low>top)  printf("%d 不在数组中", t);
    return 0;
}
```

(13)

```
#include<stdio.h>
#include<string.h>
int main()
{   char a[3][80];
```

```
    int i, j, d, x, s, k, q;
    d=x=s=k=q=0;
    printf("输入 3 行文字,每行不超过 80 个字符\n");
    for(i=0; i<3; i++)  gets(a[i]);
    for(i=0; i<3; i++)
      for(j=0; j<80 && a[i][j]!='\0'; j++)
        if(a[i][j]>='A' && a[i][j]<='Z')  d++;
        else if(a[i][j]>='a' && a[i][j]<='z')  x++;
        else if(a[i][j]>='0' && a[i][j]<='9')  s++;
        else if(a[i][j]==' ')  k++;
        else   q++;
    printf( "大写字母数: %d\n",d);
    printf( "小写字母数: %d\n",x);
    printf( "数字字符数: %d\n",s);
    printf( "空格字符数: %d\n",k);
    printf( "其他字符数: %d\n",q);
    return 0;
}
```

(14)

```
#include <stdio.h>
int main()
{   int a[20],i,j;
    for(i=0;i<20;i++)    scanf("%d",&a[i]);
    for(i=0;i<20;i++)
        for(j=0;j<20;j++)
            if(a[i]%a[j]==0&&i!=j)
            { printf("%d\n",a[i]); break; }
    return 0;
}
```

(15)

```
#include <stdio.h>
#define NA 6
#define NB 8
int main()
{   float a[NA],b[NB]; int i,j;
    for(i=0;i<NA;i++) scanf("%f",&a[i]);
    for(i=0;i<NB;i++) scanf("%f",&b[i]);
    for(i=0;i<NA;i++)
      for(j=0;j<NB;j++)
        if(a[i]==b[j])
        { printf("%f\n",a[i]); break; }
    return 0;
}
```

(16)

```
#include <stdio.h>
#define NA 6
#define NB 8
int main()
{   float a[NA],b[NB]; int i,j;
    for(i=0;i<NA;i++)scanf("%f",&a[i]);
    for(i=0;i<NB;i++)scanf("%f",&b[i]);
    for(i=0;i<NA;i++)
    {
        for(j=0;j<NB;j++)  if(a[i]==b[j]) break;
        if(j==NB) printf("%f  ",a[i]);
    }
    printf("\n");
    for(i=0;i<NB;i++)
    {
        for(j=0;j<NA;j++)
            if(b[i]==a[j]) break;
        if(j==NA) printf("%f  ",b[i]);
    }
    printf("\n");
    return 0;
}
```

(17)

```
#include <stdio.h>
int main()
{   char s1[20],s2[ ]="Good morning! ";  int i=0;
    while((s1[i]=s2[i])!='\0')
        i++;
    printf("%s\n",s1);
    return 0;
}
```

习题五　函　　数

1. 单项选择题

(1) B　(2) A　(3) C　(4) D　(5) A　(6) A
(7) D　(8) C　(9) C　(10) A　(11) D　(12) A

2. 填空题

(1) ① 局部变量或全局变量　② 局部变量或全局变量　③ 存储类型

(2) ① 外部声明型 ② 自动型 ③ 寄存器型 ④ 静态型 ⑤ 自动型 ⑥ 寄存器型 ⑦ 静态型

(3) 所定义的函数或复合语句内

(4) ① 地址传递 ② 值传递

(5) ① 函数内部 ② 局部

(6) ① return ② void

(7) 值传递

(8) 7

(9) 17

(10) ① 10 ② 5

(11) sqrt(s * (s－a) * (s－b) * (s－c))

(12) (－b＋sqrt(b * b－4 * a * c))/(2 * a)或(－b－sqrt(b * b－4 * a * c))/(2 * a)

(13) p * pow(1＋r, 5)

(14) (x＋1) * exp(2 * x)

(15) 2

(16) 5

(17) s[i]!＝'\0'; s＋＋

(18) ① char s[ ] ② i＋＋ ③ －－i; i>＝0; i－－

(19) ① int ② n>1 ③ t0＋t1 ④ t

(20) ① printf("%f\n",s); ② s＝find(a,7,－1) ③ t＝p[0]; ④ return t;

(21) ① char p[ ], int n ② p[j]>p[k] ③ if(k!＝i) ④ p[k]; ⑤ p[k]
　⑥ sort(a, 7);

(22) ① float a[ ], int n, float x ② t＝t * x; ③ return y;

(23) ① float a[ ], int n ② j＝i＋1;j<n;j＋＋ ③ a[j][i]＝t;

(24) ① #include <string.h> ② sort(name,6);

(25) ① int i, flag＝1; ② if(fabs(s1－s2)<eps) flag＝0; ③ return s2;

(26) ① 1 ② prime(k) && prime(j－k)

(27) 6354

(28) ① p＝0; ② w[i－1]

(29) s[i]－t[i]

3. 程序分析题

(1) f e d c b a

(2) 5 6
　7 7
　12 6

(3) 4,2,8,9

(4) 函数的功能：能把 p1 和 p2 所指的实参数据交换。

(5) 函数的功能：求出 n 个实数的平均值。

(6) 把一个无符号整数一位一位地取出相乘。结果为 12。

(7) 0 0 0 0

这是因为 sub(a,x)的调用 x 对应 y,是值调用,y 的值并不返回给 x,四次调用 x 都是 0。

(8) －85,1,2

该函数的功能是求二维数组中最小元素值及它的行列下标。由于有 3 个数据要返回,因此用 3 个整数指针,而调用这个函数时,用了 3 个整数的地址。

(9) 求 fun(4),可用推展和回溯法读递归函数计算结果为：72。

(10) 3

(11) 1 4 2
1 1 4
3 2 1

(12) 2 3 5 7

(13) 1 5 3 8 4 9 －4 6

(14) afternoon
evening
morning
night

(15)
```
   $
  $$$
 $$$$$
$$$$$$$
```

(16) 1

(17) 256.000000

(18) u＝32.000 v＝18.000

4. 程序设计题

(1)

```
float root(float a, float b, float c)
{   return(b*b-4*a*c); }
```

(2)

```
int year (int y)
{  if ((y%4==0&&y%100!=0) || y%400==0)   return 1;
     else return 0;
}
```

(3)

```
#include<math.h>
void root2(float root[2],float a, float b, float c)
{  float p;
   p=sqtr(b*b-4*a*c);  root[0]=(-b+p)/(2*a);    root[1]=(-b-p)/(2*a);
}
```

(4)

```
void max_min(int m, int n)
{  int a=m, b=n, t, r;
   if (m<n) { t=m; m=n; n=t;}
```

```
    r=m%n;
    while(r!=0)    {  m=n; n=r; r=m%n;   }
    printf("%d 和 %d 的最大公约数是%d\n",a,b,n);
    printf("%d 和 %d 的最小公倍数是%d\n",a,b,a*b/n);
}
```

(5)

```
#include<stdio.h>
#include<math.h>
int prime (int m)
{  int k, i;
   k=(int)sqrt(m);
   for (i=2; i<=k; i++)
     if (m%i==0) return 0;
   return 1;
}
```

```
int main()
{   int  a;
    for(a=3; a<=100; a++)
        if (prime (a))
          printf("%3d",a);
    printf ("\n");
    return 0;
}
```

(6)

```
int day_of_year(int year, int month, int day)
{   int k,leap;
    int tab[2][13]={
        {0,31,28,31,30,31,30,31,31,30,31,30,31},
        {0,31,29,31,30,31,30,31,31,30,31,30,31}
    };
    leap=(year%4==0 && year%100 !=0) || year%400==0;     //当 year 是闰年,leap=1
    for(k=1;k<month;k++)                                  //当 year 不是闰年,leap=0
        day+=tab[leap][k];
    return day;
}
```

(7)

```
#include<stdio.h>
int main()
{   int day, month, year, yearday;
    void month_day(int year,int yearday,int *pmonth,int *pday);
    printf("input year and yearday\n");
    scanf("%d %d",&year,&yearday);
    month_day(year,yearday,&month,&day);
    printf("%d--%d\n",month,day);
    return 0;
}
void month_day(int year, int yearday, int *pmonth, int *pday)
{   int k,leap;
    int tab[2][13]={
        {0,31,28,31,30,31,30,31,31,30,31,30,31},
```

```
        {0,31,29,31,30,31,30,31,31,30,31,30,31}
    };
    leap=(year%4==0 && year%100 !=0) || year%400==0;
    for(k=1; yearday>tab[leap][k]; k++)
        yearday-=tab[leap][k];
    *pmonth=k;     *pday=yearday;
}
```

(8)

```
void trus (int s1[2][3],  int s2[3][2])
{  int i, j;
   for (i=0; i<2; i++)
       for (j=0; j<3; j++)
           s2[j][i] =s1[i][j];
}
```

(9)

```
#include<string.h>
 int countc (char array[])
 {  int i, n=0;
    for (i=0; i<strlen (array); i++)
        if (array[i]>='A'&& array[i]<='Z') n++;
    return n;
 }
```

(10)

```
#include<string.h>
 int  link (char s1[40], char s2[40], char s3[80])
 {  int i, k, n=0;
    for (i=0; i<strlen(s1); i++)
     { s3[k+i]=s1[i]; n++; }
    k=i;
    for (i=0; i<strlen(s2); i++)
      { s3[k+i]=s2[i]; n++; }
    s3[i]='\0';
    return n;
}
```

(11)

```
void fun (float a[ ], int n, float *max, float *min, float *vag)
{  int i;
   *vag=a[0]; *max=a[0]; *min=a[0];
   for (i=1; i<n; i++)
   { if (a[i]> *max) *max=a[i];
        if (a[i]< *min) *min=a[i];
```

```
        * vag= * vag+a[i];
    }
    * vag= * vag/n;
}
```

(12)

```
void sortc(char a[])
{  int n, i, j;
   char ch;
   n=strlen(a);
   for (i=0; i<n-1; i++)
       for (j=0; j<n-1-i; j++)
           if (a[j]>a[j+1])
              { ch=a[j]; a[j]=a[j+1]; a[j+1]=ch; }
}
```

(13)

```
#include<ctype.h>
 int tv (char * s)
 {  int m, n=0;
    while ( * s! ='\0')
    {  if (isalpha( * s))   * s=toupper( * s);
       switch( * s)
       {
         case  'F' : m=15; break;
         case  'E' : m=14; break;
         case  'D' : m=13; break;
         case  'C' : m=12; break;
         case  'B' : m=11; break;
         case  'A' : m=10; break;
         default : m= * s-48;
       }
       n=n * 16+m;    s++;
    }
    return n;
 }
```

(14)

```
#include<string.h>
 char a[255];           //全局数组
 void contw (int m)   //递归转换
 {  int n;
    static int i=1;
    char c;
    if (m! =0)
    { n=m%10; c=n+48; a[i]=c;
    m=m/10;
```

```
void convert(char * b)   //倒置数组
{  int  k, i;
   char c, * p;
   k=strlen(b);   p=b+k-1;
   for(i=1, b++;i<=k/2;i++,b++,p--)
   {   c= * b;  * b= * p;  * p=c; }
   return;
 }
```

```
    i++;
    contw(m);
   }
}
int main()
{  int n;
   printf ("输入一整数: ");
   scanf ("%d", &n);
   if (n<0)  {a[0]='-'; n=-n;}
   else a[0]=' ';
   contw(n);      convert(a);
   printf ("字符串: %s\n",a);
   return 0;
}
```

(15)

```
#include <stido.h>
void f(int n)
  {   if(n<10)  printf("%d", n);
      else  {  printf("%d",n%10);   f(n/10); }
  }
  int main()
  {  int x;
     scanf("%d", &x);
     f(x);
     return 0;
  }
```

(16)

```
#include<stdio.h>
void delchar(char a[ ], char c)
{   int i, j;
    for(i=0; a[i]!='\0'; )
        if(a[i]==c) {
            for(j=i+1;a[j]!='\0'; j++)
                a[j-1]=a[j];
            a[j-1]='\0';
        }
        else i++;
}
int main()
{   char s[80], ch;
    printf("input array:\n");
    gets(s);
    printf("input char ch:\n");
```

```
    scanf("%c", &ch);
    delchar( s, ch);
    printf("%s\n",s);
    return 0;
}
```

习题六　指　　针

1. 单项选择题

(1) C　(2) A　(3) B　(4) B　(5) D　(6) D　(7) A　(8) C　(9) B　(10) D
(11) B　(12) A　(13) C　(14) C　(15) C　(16) D　(17) C　(18) B　(19) A
(20) C　(21) C　(22) A　(23) C　(24) D　(25) B　(26) C　(27) D　(28) A
(29) C　(30) D　(31) C　(32) B　(33) C

2. 填空题

(1) ① 地址　② 自增减　③ 赋值　④ 数组名
(2) ① 地址　② NULL
(3) ① 取地址运算符　② 相互赋值　③ 赋 NULL
(4) ① ++　② --
(5) ① 间接访问　② 取地址
(6) 比较
(7) ① 3　② +3
(8) double *p=&a
(9) ① 地址　② 所指的变量值　③ 地址
(10) ① sz[i]　② p[i]　③ *(sz+i)　④ *(p+i)
(11) ① ABCD　② A
(12) static int a[5], *p=a;
(13) int a[4][5],**p=a;
(14) 50
(15) ① *min,*a,*b,*c　② a, b, c　③ *a,*b,*c　④ *min=*b
⑤ *min = *c　⑥ *min
(16) ① '\0'　② *sptr++
(17) ① sp=str[i]　② sp　③ strlen(sp)
(18) ① 变量地址　② 指针　③ 数组名
(19) 地址传递
(20) 17
(21) *s!='\0'; s++
(22) ① printf("%f\n",s);　② s=find(a,7,-1)　③ t=*p;　④ return t;
(23) ① float t;　② *min=*p;　③ t>*max

(24) ① float * a, int n　② j=i+1;j<n,j++　③ *(a+j*n+i)=t;

(25) ① ! * a　② * a

3. 程序分析题

(1) udent

(2) our

(3) 3　ello

(4) BBBAAA123

(5) ABCDEFGH

(6) 程序的主要功能：把输入的10个整数反序一行一个地输出。

(7) A　ABCD
　B　BCD
　C　CD
　D　D

(8) 13　10　−3　1　7　−21

(9) 当输入字符串LEVEL时，输出YES；当输入字符串LEVAL时，输出NO。

(10) AEIM

(11)
```
 0  1  2  3
-1  0  1  2
-2 -1  0  1
-3 -2 -1  0
```

(12)
```
1 0 0 1
0 1 1 0
0 1 1 0
1 0 0 1
```

(13) x=10, y=5
　x=10, y=10

(14) 3, 2, 5
　3, 3, 4

4. 程序设计题(全部题目均要求用指针方法实现)

(1)

```
#include<stdio.h>
int main()
{  int a,b,c,t, *pa=&a, *pb=&b, *pc=&c;
   scanf("%d,%d,%d",pa,pb,pc);
   if(*pa<=*pb)  { t=*pa;   *pa=*pb;     *pb=t;   }
   if(*pb<=*pc)  { t=*pb;   *pb=*pc;     *pc=t;   }
```

```
    if(*pa<=*pb)  { t=*pa;   *pa=*pb;     *pb=t;   }
    printf("%d,%d,%d\n",*pa,*pb,*pc);
    return 0;
}
```

(2)

```
#include<stdio.h>
#define N 15
int main()
{  int a[N],b,*p,*q;
   for(p=a;p<a+N;p++) scanf("%d",p);
   for(p=a,q=a+N-1;p<a+N/2;p++, q--)
   { b=*p; *p=*q; *q=b; }
   for(p=a;p<a+N;p++) printf("%3d",*p);
   printf("\n");
   return 0;
}
```

(3)

```
#include<stdio.h>
#include<string.h>
int main()
{  char str[81],*sptr;
   gets(str);
   sptr=str+strlen(str)-1;
   for(;sptr>=str; sptr--) printf("%c",*sptr);
   printf("\n");
   return 0;
}
```

(4)

```
#include<stdio.h>
#define N 10
int main()
{  float a[N], avg, *pm, *ps, *p;
   for(p=a;p<a+N;p++) scanf("%f",p);
   pm=ps=a; avg=*a;
   for(p=a+1;p<a+N;p++)
     { if(*p>*pm) pm=p;
       if(*p<*ps) ps=p;
       avg+=*p;
     }
   printf("一维实型数组最大值=%f\n",*pm);
   printf("一维实型数组最小值=%f\n",*ps);
```

```
    printf("一维实型数组平均值=%f\n",avg/N);
    return 0;
}
```

(5)

```
#include<stdio.h>
int main()
{   int a[3][6], (*p)[6], i, j, maxh=0,maxl=0,minh=0,minl=0,max,min;
    for(p=a,i=0;i<3;i++)
       for(j=0;j<6;j++) scanf("%d",*(p+i)+j);
    printf("二维数组是: \n");
    for(p=a,i=0;i<3;i++,p++)
    {   for(j=0;j<6;j++) printf("%3d",(*p)[j]);
        printf("\n");
    }
    max=min=a[0][0];
    for(p=a,i=0;i<3;i++)
        for(j=0;j<6;j++)
        {   if(*(*(p+i)+j)>max) { maxh=i; maxl=j; max=*(*(p+i)+j); }
            if(*(*(p+i)+j)<min) { minh=i; minl=j; min=*(*(p+i)+j); }
        }
     printf("最大值是: %d,所在的行: %d,所在的列: %d\n",a[maxh][maxl],maxh,maxl);
     printf("最小值是: %d,所在的行: %d,所在的列: %d\n",a[minh][minl],minh,minl);
     return 0;
}
```

(6)

```
#include<stdio.h>
#include<string.h>
int main()
{   char s[3][81],*p[3]={s[0],s[1],s[2]},*tp;
    int i;
    printf("输入 3 个字符串: \n");
    for(i=0;i<3;i++) gets(p[i]);
    tp=p[0];
    for(i=1;i<3;i++) if(strcmp(p[i],tp)>0)   tp=p[i];
    printf("其中最大的字符串是: %s\n",tp);
    return 0;
}
```

(7)

```
#include<stdio.h>
#include<string.h>
int main()
```

```
{  char a[40],b[40],c[80], * s, * t=c;
   gets(a);  gets(b);
   s=a;
   for(; * s;)   * t++= * s++;
   s=b;
   for(; * s;)   * t++= * s++;
   * t='\0';
   puts(c);
   return 0;
}
```

(8)

```
#include<stdio.h>
#include<string.h>
int main()
{  char a[81],b[81], * s=a, * t=b;
   gets(a);  gets(b);
   while( * s&& * t)
     if( * s++! = * t++)  break;
   if(! * s&&! * t)  printf("%s 与 %s 相等\n",a,b);
   else  printf("%s 与 %s 不相等\n",a,b);
   return 0;
}
```

(9)

```
#include<stdio.h>
#define N 10
int main()
{  int s[N], * p=s, * min, * max, t1,t2;
   printf("输入十个整数(用空格分开): \n");
   for(p=s;p<s+N;p++)  scanf("%d", p);
   min=&s[0]; max=&s[N-1];
   for(p=s; p<s+N;p++)
   {  if ( * p< * min) min=p;
      if ( * p> * max) max=p;
   }
   t1= * min;   * min=s[0];   s[0]=t1;
   t2= * max; * max=s[N-1];  s[N-1]=t2;
   for(p=s; p<s+N;p++)  printf("%d,", * p);
   return 0;
}
```

(10)

```
#include<stdio.h>
int main()
{  int s[10], i, end_num, *p;
   for( i=0; i<10; i++)  scanf("%d", &s[i]);
   printf("\n");
   for( i=0;i<4;i++) {
     end_num =s[9];
     for(p=&s[9]; p>=s; p--)   *p= *(p-1);  //移动数据
     s[0]=end_num;
   }
   printf("移动后的数组值是: ");
   for( p=s; p<s+10; p++)
   printf("%d,", *p);
   return 0;
}
```

(11)

```
#include<stdio.h>
int main()
{  int a[3][3],i,j,t,*p,(*q)[3];
   p=a[0];
   printf("输入 3×3 个整数: \n");
   for(i=0;i<3;i++)
     for(j=0;j<3;j++)
         scanf("%d",p++);
   p=a[0];
   printf("输出 3×3 个整数矩阵: \n");
   for(i=0;i<3;i++)
    {  for(j=0;j<3;j++)        printf("%3d", *(p+i*3+j));
       printf("\n");
    }
    q=a;
    for(i=0;i<3;i++)
       for(j=i;j<3;j++)
       { t= *(*(q+i)+j); *(*(q+i)+j)= *(*(q+j)+i); *(*(q+j)+i)=t;}
    printf("转置后 3×3 的整数矩阵: \n");
    for(i=0;i<3;i++)
    {   for(j=0;j<3;j++)        printf("%3d", *(*(q+i)+j));
        printf("\n");
    }
    return 0;
}
```

(12)

```
#include<stdio.h>
#include<string.h>
int main()
{  char a[80], * p;
   int up=0,lp=0,k=0,s=0,q=0;
   printf("输入一个字符串: \n");gets(a);
   p=a;
   while( * p! ='\0') {
      if('A'<= * p && * p<='Z') up++;
      else if('a'<= * p && * p<='z') lp++;
      else if('0'<= * p && * p<='9') s++;
      else if( * p ==' ') k++;
      else q++;
      p++;
   }
  printf("大写字母个数是: %d\n",up);
  printf("小写字母个数是: %d\n",lp);
  printf("空格个数是: %d\n",k);
  printf("数字个数是: %d\n",s);
  printf("其他字符个数是: %d\n",q);
  return 0;
}
```

(13)

```
#include<stdio.h>
#include<string.h>
int main()
{  char a[80],b[80], * p, * q;
   int m;
   printf("输入一个字符串: \n");gets(a);
   printf("输入第几个字符开始复制: ");scanf("%d",&m);
   p=a;  q=b;
   for(p=p+m-1; * p! ='\0'; p++,q++)   * q= * p;
   * q='\0';
   printf("被复制的字符串是: %s\n",b);
   return 0;
}
```

(14)

```
#include<stdio.h>
#include<string.h>
int main()
{  char a[10][80],t[80], * p[10], * k;
```

```
    int i,j;
    printf("输入 10 个字符串: \n");
    for(i=0;i<10;i++)
    {  p[i]=a[i];   gets(p[i]); }
    printf("这 10 个字符串原来是: \n");
    for(i=0;i<10;i++)   puts(p[i]);
    for(i=0;i<9;i++)
    {  k=p[i];
       for(j=i+1; j<9; j++)
         if(strcmp(k, p[j])>0)  k=p[j];
      if(k! =p[i]) { strcpy(t, k); strcpy(k, p[i]); strcpy(p[i], t); }
    }
    printf("这 10 个字符串交换后: \n");
    for(i=0;i<10;i++)  puts(p[i]);
}
```

(15)

```
#include<stdio.h>
void strmcpy(char s[],char t[], int m)
{  int j;
   for( j=0; t[j]! ='\0'; j++)
      s[j]=t[j+m-1];
   s[j]='\0';
}
```

```
#include<stdio.h>
void strmcpy(char *s, char *t, int m)
{ for( t=t+m-1; *t ! ='\0'; s++, t++)
        *s= *t;
    *s='\0';
}
```

习题七　结　构　体

1. 单项选择题

(1) D　(2) B　(3) D　(4) B　(5) D　(6) B　(7) B　(8) A

2. 填空题

(1) ① 成员　② 指向成员

(2) ① .　② ->　(3) 101

(4) ① struct ph　② c　③ p->name　④ p->tel　⑤ p->name，x

(5) ① &time.hour，&time.minute，&time.second　② time.second

③ time.minute++　④ time.hour==24

(6) ① return head　② p1->next!=NULL　③ p2->next=p1->next

(7) ① struct student *p　② p=p->next　③ p!=NULL

(8) ① int n=0　② p=head　③ p=p->next

(9) ① int n=0　② p=head　③ p->score<60

(10) ① p1->next!=NULL　② p0->next=p1　③ p0->next=null

3. 程序分析题

(1) name : zhang total=170.00

name : wang total=150.00

(2) 由于 p 指向 a,a 和变量 i,f, s 等同时赋初值。

输出:

1998 is Windows 98 sal 1800.00

1998 is Windows 98 sal 1800.00

(3) p->n=5

(4) a,d

abc, def

ghi, mno

hi, no

4. 程序设计题

(1)

```
#include<stdio.h>
struct emp
{
        char  name [10];
        float jbg;
        float fdg;
        float zc;
};
int main ()
{
    struct emp e[3]={ {"zhao", 240, 400, 75}, {"qian", 360, 120, 50}, {"sum", 560, 0,
80}};
    int i;
    for (i=0; i<3; i++)
        printf ("姓名: %5s,实发数: %7.2f\n", e[i]. name,  e[i]. jbg+e[i]. fdg-e[i].
zc);
}
```

(2)

```
#include<stdio.h>
#define N 10
struct emp
{
    int  eno;
    char name[N];
    float jbg;
    float zwg;
};
```

```
int main ()
{
    struct  emp  a[N];
    int  i, k;  float  min;
    printf ("输入%d个职工：编号,姓名,基本工资,职务工资：\n",N);
    for (i=0; i<N; i++)
        scanf ("%d, %s, %f, %f", &a[i]. eno, a[i]. name, &a[i]. jbg, &a[i]. zwg);
    min=a[0]. jbg+a[0]. zwg;
    for ( k=0, i=1; i<N; i++)
        if (min>a[i]. jbg+a[i].zwg)
        {
            min=a[i].jbg +a[i].zwg;
            k=i;
        }
    printf ("基本工资+职务工资最少的职工姓名是：%s\n", a[k].name);
}
```

(3)

```
#include<stdio.h>
struct student
{
    int  sno;
    char  sn[20];
    float  score[3];
    float  sum;
};
int main ()
{
    struct  student  s[10], *p=s, *q;
    int  i;
    float  max=0;
    for (;  p<s+10;  p++)
    {
        printf ("请输入学号,姓名：\n");
        scanf("%d, %s", &p->sno, p->sn);
        p->sum=0;
        printf ("请输入成绩 1  成绩 2  成绩 3 ：\n");
        for(i=0; i<3; i++)
        {
            scanf("%f", &p->score[i]);
            p->sum+=p->score[i];
        }
    }
    p=s;
    q=p;
    max=p->sum;
    for(  ;  p<s+10; p++)
        if(max <p->sum)
        {
```

```
            max=p->sum;
            q=p;
        }
    printf("总分最高的学生姓名是: %s 总分 %f\n", q->sn, q->sum);
}
```

(4)

```
#include<stdio.h>
struct student
{
    char sn[20];
    float score[3];
    float avg;
};
int main ()
{
    struct student s[4]={{"zhan", 97.5, 89.0, 78.0, 0}, {"qian", 90.0, 93.0, 87.5, 0},
            {"sun", 75.0, 79.0, 68.5, 0}, {"li", 82.5, 69.5, 54.0, 0}, }, *p=s;
    int i;
    for ( ;  p<s+4;  p++)
    {
        for (i=0; i<3; i++)  p->avg+=p->score[i];
        p->avg/=3;
    }
    printf ("name     foxbase     basic     c     average\n");
    for (p=s; p<s+4; p++)
            printf ("%-10s  %4.1f  %8.1f  %8.1f  %8.2f\n", p->sn,
                p->score[0], p->score[1], p->score[2], p->avg);
}
```

(5)

```
struct date
{
    int year;
    int month;
    int day;
}d, *p; p=&d;
int days (struct bate *p)
{
    int k, leap, yearday=p->day;
    int tab[2][12]={       {0,31,28,31,30,31,30,31,31,30,31,30,31},
                           {0,31,29,31,30,31,30,31,31,30,31,30,31}     };
    leap=(year%4==0 && year%100 !=0 || year%400==0);
    for(k=1;k<p->month;k++)
        yearday+=tab[leap][k];
    return  yearday;
}
```

(6)

```
struct student{
    int sno;
    char name[10];
    float score[3];
};
struct student *nnew()
{
    struct student *p;
    p=(struct student*) malloc (sizeof (struct student));
    return p;
}
```

习题八　文　　件

1. 单项选择题

(1) A　(2) C　(3) B　(4) B　(5) D　(6) C
(7) D　(8) B　(9) D　(10) B　(11) B　(12) C

2. 填空题

(1) ① fopen　② fclose

(2) 包含文件缓冲区信息的FILE结构体地址

(3) 文件保存在外存中、文件中数据有序、数据数量可以不定

(4) ① 文本　② 二进制　③ 文件结束标志　④ 非零

(5) ① ch=fgetc(fp);　② fscanf(fp, "%c", &ch);　③ fputc(ch,fp);　④ fprintf(fp, "%c", ch);

(6) ① fp　② n−1　③ str　④ fputs　⑤ 实际输出的字符数　⑥ 0

(7) ① 文件型指针变量　② stdio.h

(8) rewind ()

(9) !feof (fp)

(10) ① (fp=fopen ("stu.dat", "rb"))==NULL　② fread (stud, sizeof (struct student), N, fp);

(11) p=(int*)malloc(sizeof(int)*n);

(12) free(fp);

(13) fseek(fp,25L,1);

(14) ① FILE *fp; ② fp=fopen("student.dat","w"); ③ fclose(fp);

(15) ① f3=fopen("c.dat","w") ② fprintf(f3, "%d\n", y)
③ fprintf(f3, "%d\n",y) ④ fprintf(f3, "%d\n", x)
⑤ fscanf(f1, "%d",&x)

3. 程序分析题

(1) 该程序的功能：从键盘读入一个字符，如果是小写字母，则变成大写输出到屏幕上，否则原样输出。当按 Ctrl+Z 组合键时，输入结束。

(2) 该程序的功能：在用命令行的形式运行本程序时，必须在程序名后加两个参数，这两个参数分别表示磁盘上的两个文件名。程序运行后，能把第一个文件的内容复制到第二个文件。如果命令行缺少参数少于 3 个或文件打不开，程序终止运行并显示出情况。

(3) 该程序的功能：统计文本文件 fname.txt 中的空格字符数。

(4) 该程序的功能：把 C 盘根目录下的 tc 目录中的文件 p1.c 复制到 A 盘的根目录下，取同样的文件名 p1.c。如果 C 盘中的 p1.c 文件超过 1000 字节，则最多复制 1000 字节。

(5) 该程序先打开 a1.txt 文件，如果打开成功，然后调用 fc()函数，把文件中＃号字符以前内容在屏幕上显示。再打开 a2.txt 文件，如果打开成功，然后调用 fc()函数，把文件中＃号字符以前的内容在屏幕上接着显示。

因此，程序运行后输出：121314252627。

(6) all＝abcdefghijklmnop

seek1 ch＝a

seek2 ch＝l

seek3 ch＝n

4. 程序设计题

(1)

```
#include<stdio.h>
#include<stdlib.h>
int main ()
{
    FILE  * fp;
    int i;
    if (( fp=fopen ("f1.txt", "w"))==NULL)
    {
        printf ("打开文件失败\n");
        exit(1);
    }
    for (i=1; i<=200; i++)
        fputc(getchar(), fp);
    fclose(fp);
}
```

(2)

```
#include<stdio.h>
#include<stdlib.h>
int main (int argc, char * argv[ ])
{
    FILE  * f1,  * f2;
    char  ch;
```

```
    if (argc<3)
    {
        printf ("Error! Useage: program_name source_file_name  object_file_name\n");
        exit (0);
    }
    if((f1=fopen(argv[1],"r"))==NULL)
    {
        printf("打开文件失败\n");
        exit(0);
    }
    if((f2=fopen(argv[2],"w"))==NULL)
    {
        printf("打开文件失败\n");
        exit(0);
    }
    while(!feof(f1))
        fputc(fgetc(f1),f2);
    fclose (f1);
    fclose (f2);
}
```

(3)

```
#include<stdio.h>
#include<stdlib.h>
int main ()
{
    FILE  * fp;
    int i;
    if((fp=fopen("f1.txt", "r"))==NULL)
    {
        printf ("打开文件失败\n");
        exit (0);
    }
    for(i=1; i<=120; i++)
    putchar(fgetc(fp));
    fclose(fp);
}
```

(4)

```
#include<stdio.h>
#include<stdlib.h>
int main ()
{
    FILE  * f1, * f2;
    if((f1=fopen ("ccw1.txt", "r"))==NULL)
    {
        printf ("打开文件失败\n");
        exit (0);
    }
    if((f2=fopen ("ccw2.txt", "w"))==NULL)
```

```
    {
        printf ("打开文件失败\n");
        exit(0);
    }
    while (! feof (f1))
    fputc (fgetc (f1), f2);
    fclose (f1);
    fclose (f2);
}
```

(5)

```
#include<stdio.h>
#include<stdlib.h>
int main()
{
    FILE * fpd1, * fpd2; char ch;
    if((fpd1=fopen("d1.dat","r"))==NULL)
    {
        printf ("打开文件失败\n");
        exit(0);
    }
    if((fpd2=fopen("d2.dat","w"))==NULL)
    {
        printf ("打开文件失败\n");
        exit(0);
    }
    while(fscanf(fpd1,"%c",&ch)!=EOF)
        if(ch>='A'&&ch<='Z'||ch>='a'&&ch<='z')
            fprintf(fpd2,"%c",ch);
    fclose(fpd1);
    fclose(fpd2);
}
```

(6)

```
#include<stdio.h>
#include<stdlib.h>
int main()
{
    FILE * fpd1, * fpd2; char ch;
    if((fpd1=fopen("d1.dat","r"))==NULL)
    {
        printf ("打开文件失败\n");
        xit(0);
    }
    if((fpd2=fopen("d2.dat","w"))==NULL)
    {
        printf ("打开文件失败\n");
        exit(0);
    }
    while(fscanf(fpd1,"%c",&ch)!=EOF)
        if(ch!=' ')
            fprintf(fpd2,"%c",ch);
    fclose(fpd1);
```

```
    fclose(fpd2);
}
```

(7)

```
#include<stdio.h>
#include<stdlib.h>
int main()
{
    FILE * fpd1, * fpd2; char ch;
    if((fpd1=fopen("d1.dat","r"))==NULL)
    {
        printf ("打开文件失败\n");
        exit(0);
    }
    if((fpd2=fopen("d2.dat","w"))==NULL)
    {
        printf ("打开文件失败\n");
        exit(0);
    }
    while(fscanf(fpd1,"%c",&ch)!=EOF)
    {
        if(ch>='A'&&ch<='Z')
            ch=ch+32;
        fprintf(fpd2,"%c",ch);
    }
    fclose(fpd1);
    fclose(fpd2);
}
```

(8)

```
#include<stdio.h>
#include<stdlib.h>
int main()
{
    FILE * fpd1, * fpd2; char ch;
    if((fpd1=fopen("d1.dat","r"))==NULL)
    {
        printf ("打开文件失败\n");
        exit(0);
    }
    if((fpd2=fopen("d2.dat","w"))==NULL)
    {
        printf ("打开文件失败\n");
          exit(0);
    }
    while(fscanf(fpd1,"%c",&ch)!=EOF)
        if(!(ch>='A'&&ch<='Z'||ch>='a'&&ch<='z'||ch>='0'&&ch<='9'))
            fprintf(fpd2,"%c",ch);
    fclose(fpd1);
    fclose(fpd2);
}
```

(9)

```
#include<stdio.h>
#include<math.h>
int main()
{
    FILE * fp;  int i,j,k=2;
    if((fp=fopen("su.dat","w"))==NULL)
    {
        printf ("打开文件失败\n");
        exit(0);
    }
    fprintf(fp,"%4d%4d",2,3);
    for(i=5;i<100;i=i+2) {
        for(j=3;j<=sqrt(i);j=j+2)
            if(i%j==0)
               break;
        if(j>sqrt(i))
        {
            fprintf(fp,"%4d",i);
            k++;
            if(k%10==0)
            fprintf(fp,"\n");
        }
    }
    fclose(fp);
}
```

(10)

```
#include<stdio.h>
#include<math.h>
int main()
{
    FILE * fp1, * fp2;  char s[9];
    int x, sn=0, cs=0, jn=0;
    fp1=fopen("c.dat","r");
    fp2=fopen("a:score60.dat","w");
    fscanf(fp1,"%s%d",s,&x);
    do
    {
        sn++;
        cs+=x;
        if(x>=60)
        {
            jn++;
            fprintf(fp2,"%s %d\n",s,x);
        }
        fscanf(fp1,"%s%d",s,&x);
    } while(! feof(fp1));
    printf("总人数:%d  平均成绩:%d  及格人数:%d\n",sn, cs/sn, jn);
    fclose(fp1); fclose(fp2);
}
```

（11）方法一：定义一个结构变量，每输入一个学生信息，即存入磁盘二进制数据文件student.dat中。建立存有100个学生信息的文件后，设计一个总分为0的hs学生，再打开读取该文件，每读入一个学生信息，即与hs比较，寻找总分最高的学生在hs，并输出该学生的所有信息。

```
#include<stdio.h>
#include<string.h>
#include<stdlib.h>
struct student
{
        int  sno;
        char  sn[20];
        int sage;
        float sg[7];
        float sum;
};
int main()
{
    struct  student s, t, hs;
    FILE * fp;
    int i, j;
    if((fp=fopen ("student.dat", "wb"))==NULL)
    {
        printf ("打开文件失败\n");
        exit(0);
    }
    printf ("以学号  姓名 年龄 成绩1 成绩2 成绩3 成绩4 成绩5 \
        成绩6 成绩7的形式输入:\n");
    for (i=1; i<=100; i++)
    {
        printf ("学生%d:\n",i);
        scanf ("%d",&s.sno);
        scanf ("%s",s.sn);
        scanf ("%d",&s.sage);
        s. sum=0;
        for(j=0; j<7; j++)
        {
            scanf ("%f",&s.sg[j]);
            s.sum=s.sum+s.sg[j];
        }
        fwrite (&s, sizeof (struct student), 1, fp);
    }
    fclose (fp);
    if((fp=fopen("student.dat", "rb"))==NULL)
    {
        printf ("打开文件失败\n");
        exit(0);
    }
    hs.sum=0;
    while (! feof (fp))
```

```
    {
        fread (&t, sizeof (struct student), 1, fp);
        if (t.sum>hs.sum)
        {
            hs.sno=t.sno;
            strcpy (hs.sn, t.sn);
            hs.sage=t.sage;
            for (j=0; j<7; j++)
                hs.sg[j]=t.sg[j];
            hs.sum=t.sum;
        }
    }
    printf ("总分最高的学生是 ");
    printf("学号:%d  姓名: %s 年龄: %d\n", hs.sno, hs.sn, hs.sage);
    printf("成绩 1 成绩 2 成绩 3 成绩 4 成绩 5 成绩 6 成绩 7 总分\n");
    for(j=0; j<7; j++)
        printf("%5.1f", hs.sg[j]);
    printf("%5.1f\n", hs.sum);
}
```

方法二：定义一个 100 个元素的结构数组 s，输入 100 个学生的信息后，一次存入磁盘二进制数据文件 student.dat 中。再打开该文件，读入 100 个学生信息到 100 个元素的结构数组 t 中。数组 t 中，用结构指针 sp 和 hsp 寻找总分最高的学生，使 hsp 指向它，并输出该学生的所有信息。

```
#include<stdio.h>
#include<string.h>
#include<stdlib.h>
struct student
{
      int  sno;
      char sn[20];
      int  sage;
      float sg[7];
      float sum;
};
int main()
{
    struct student s[100], t[100], * sp, * hsp;
    FILE * fp;
    int i, j;
    float hsum=0;
    if((fp=fopen ("student.dat", "wb"))==NULL)
    {
        printf ("打开文件失败\n");
        exit(0);
    }
    printf ("以学号\n  姓名\n 年龄\n 成绩 1 成绩 2 成绩 3 成绩 4 成绩 5 成绩 6 \
        成绩 7 的形式输入:\n");
    for (i=0, sp=s; i<100; i++, sp++)
```

```
    {
        printf ("学生%d:\n",i+1);
        scanf ("%d",&sp->sno);
        scanf ("%s",sp->sn);
        scanf ("%d",&sp->sage);
        sp->sum=0;
        for (j=0; j<7; j++)
        {
            scanf ("%f",&sp->sg[j]);
            sp->sum=sp->sum+sp->sg[j];
        }
    }
    fwrite (s, sizeof (struct student), 100, fp);
    fclose (fp);
    if((fp=fopen("student.dat", "rb"))==NULL)
    {
        printf ("打开文件失败\n");
        exit(0);
    }
    fread (t, sizeof (struct student), 100, fp);
    for (i=0,hsp=t, sp=t; i<100; i++, sp++)
    {
        if (sp->sum >hsum) {  hsum=sp->sum;     hsp=sp;      }
    }
    printf ("总分最高的学生是 ");
    printf("学号:%d  姓名: %s 年龄: %d\n", hsp->sno, hsp->sn, hsp->sage);
    printf("成绩 1 成绩 2 成绩 3 成绩 4 成绩 5 成绩 6 成绩 7 总分\n");
    for(j=0; j<7; j++)
        printf("%5.1f",hsp->sg[j]);
    printf("%5.1f",hsp->sum);
    fclose(fp);
}
```

(12)

```
#include<stdio.h>
int main()
{
    char fname[20];
    FILE * fp;
    int num=0, word=0;
    char ch;
    printf ("输入要统计的文件名: ");
    scanf("%s",fname);
    if((fp=fopen(fname, "r"))==NULL)
    {
        printf("打不开文件 %s\n",fname);
        exit(0);
    }
    while(! feof(fp))
    {
```

```
        ch=fgetc(fp);
        if(ch==' ')
            word=0;
        else if(word==0)
            {
                word=1;
                num++;
            }
    }
    printf("%s 文件中有%d 个单词\n",fname,num);
    fclose(fp);
}
```

(13)

```
#include<stdio.h>
int main()
{
    FILE * fp1, * fp2, * fp3;
    char a[160], ch;
    int i=0, j, n;
    if((fp1=fopen("f1.txt", "r"))==NULL)
    {
        printf("打开文件失败\n");
        exit(0);
    }
    if((fp2=fopen("f2.txt", "r"))==NULL)
    {
        printf("打开文件失败\n");
        exit(0);
    }
    if((fp3=fopen("f3.txt", "w"))==NULL)
    {
        printf("打开文件失败\n");
        exit(0);
    }
    while (! feof(fp1))
    {
        ch=fgetc (fp1);
        if(! feof(fp1))
            a[i++]=ch;
    }
    while(! feof (fp2))
    {
        ch=fgetc (fp2);
        if(! feof (fp2))
            a[i++]=ch;
    }
    a[i]='\0';
    n=i;
    for(i=0; i<n-1; i++)        //对数组 a 中的字母排序
```

```
        for(j=i+1; j<n; j++)
            if (a[i]>a[j])
            {
                ch=a[i];
                a[i]=a[j];
                a[j]=ch;
            }
    i=0;
    while (a[i]!='\0')
    {
        fputc (a[i], fp3);
        i++;
    }
    fclose (fp1);
    fclose (fp2);
    fclose (fp3);
}
```

(14)

```
#include<stdio.h>
int main()
{
    FILE * fp;
    float x, max, sum;
    int ln, n, maxl;
    max=0.0;
    ln=1;
    if((fp=fopen("dim.dat","rb"))==NULL)
    {
        printf ("打开文件失败\n");
        exit(0);
    }
    while(! feof(fp))
    {
        sum=0.0;
        for(n=0;n<5;n++)
        {
            fscanf(fp,"%f",&x);
            sum+=x;
        }
        if(sum>max)
        {
            max=sum;
            maxl=ln;
        }
        ln++;
    }
    printf("%d %f",maxl,max/5.0);
}
```

附录B　测试题答案

测试题一参考答案

1. 选择题(20×1 分＝20 分)

(1) B　(2) B　(3) B　(4) B　(5)A
(6) A　(7) B　(8) B　(9) C　(10) B
(11) A　(12) A　(13) C　(14) C　(15) D
(16) A　(17) C　(18) A　(19) C　(20) B

2. 填空题(10×1 分＝10 分)

(1) 由字母或下画线开头的字母、数字、下画线组成的一串符号
(2) 等
(3) (k%3==0)||(k%7==0)
(4) 10
(5) (20<x&&x<30)||(x<-100)
(6) k=p
(7) 地址传递
(8) 关系
(9) 10,5
(10) 40

3. 读程序写结果(6×5 分＝30 分)

(1) 3
(2) 10，4，3
(3) 18 10
(4) 5 6
7 7
12 6
(5) udent
(6) 1
1

4. 程序填空(10×2 分＝20 分)

① &a[i]　② i%10==0

③ a[i－1]　　④ x%i＝＝0

⑤ int i,j,k;　　⑥ j＝－45;j＜＝45;j＋＋

⑦ i＊i＋j＊j＋k＊k＝＝1989　　⑧ "%d,%d,%d",

⑨ k　　⑩ i＜j

5. 程序设计(2×10分＝20分)

(1)

```
#include<stdio.h>
int main()
{  int  i, t, f1=1, f2=1;
   printf("%d %d", f1,f2);
   for(i=3; i<=20; i++)
    {
      t=f1+f2;   printf("%d", t);
      f1=f2;  f2=t;
    }
    return 0;
}
```

(2)

```
#include<stdio.h>
int main()
{  int  n, s=0;
   printf("输入一个正整数: ");  scanf("%d",&n);
   do{   s+=n%10;
         n/=10;
     }while (n>0);
   printf("各位数之和是: %d\n", s);
   return 0;
}
```

测试题二参考答案

1. 选择题(20×1分＝20分)

(1) B　(2) D　(3) A　(4) B　(5) D
(6) D　(7) D　(8) D　(9) C　(10) A
(11) A　(12) D　(13) B　(14) D　(15) C
(16) D　(17) C　(18) B　(19) D　(20) B

2. 填空题(10×1分＝10分)

(1) windows 95　　(2) 1

(3) 非 0 数值

(4) (y%2)==1

(5) 13

(6) 1

(7) m/10%2==0&&m%2==1

(8) x<z || y<z

(9) 3 5

(10) *s!='\0'; s++

3. 读程序写结果(6×5 分=30 分)

(1) a=2,b=1

(2) 10010

(3) 1010

(4) 2 3 5 7

(5) 6

(6) 1

4. 程序填空(10×2 分=20 分)

① k

② i<j

③ len=31

④ len=29

⑤ i-1

⑥ a[j+1]=a[j]

⑦ a[j+1]

⑧ (k%3==0) || (k%7==0)

⑨ sp=str[i]

⑩ strlen(sp)

5. 程序设计(20 分)

(1)

```
#include<stdio.h>
#include<math.h>
int prime (int m)
{  int k, i;
   k=sqrt(m);
   for (i=2; i<=k; i++)
       if (m%i==0) return 0;
   return 1;
}
int main()
{   int  a;
    for(a=3; a<=100; a++)
       if (prime(a))  printf("%3d",a);
    printf ("\n");
    return 0;
 }
```

(2)

```
#include <stdio.h>
int main()
{   int n,a,b,c;
    for(n=100;n<1000;n++)
    {  a= n/100;              //百位数字
       b=n/10%10;             //十位数字
       c=n%10;                //个位数字
       if(a*a*a+b*b*b+c*c*c==1099)
           printf("各位数字的立方和等于 1099 的整数是%d\n",n);
    }
    return 0;
}
```

图书资源支持

感谢您一直以来对清华版图书的支持和爱护。为了配合本书的使用，本书提供配套的资源，有需求的读者请扫描下方的"书圈"微信公众号二维码，在图书专区下载，也可以拨打电话或发送电子邮件咨询。

如果您在使用本书的过程中遇到了什么问题，或者有相关图书出版计划，也请您发邮件告诉我们，以便我们更好地为您服务。

我们的联系方式：

地　　址：北京市海淀区双清路学研大厦 A 座 714

邮　　编：100084

电　　话：010-83470236　010-83470237

客服邮箱：2301891038@qq.com

QQ：2301891038（请写明您的单位和姓名）

资源下载：关注公众号"书圈"下载配套资源。

资源下载、样书申请

书圈

获取最新书目

观看课程直播